Schleif- und Poliertechnik
Band II

Schleif- und Poliertechnik

Handbuch
des gesamten Schleif- und Polierwesens
in vier Bänden

von

Senator e. h. B. Kleinschmidt

Band I: Das Schleifen in der Metallbearbeitung
Band II: Das Polieren der Metalle
Band III: Das Schleifen und Polieren in der Holzbearbeitung
Band IV: Das Schleifen und Polieren in der Glas-, Stein-, Leder- usw. Bearbeitung

BERLIN W
VERLAG VON M. KRAYN
1937

SCHLEIF- UND POLIERTECHNIK

Handbuch des gesamten Schleif- und Polierwesens

Band II

Das Polieren der Metalle

Mit 190 Abbildungen

BERLIN W
VERLAG VON M. KRAYN
1937

Pierersche Hofbuchdruckerei Stephan Geibel & Co., Altenburg, Thür.
Printed in Germany

Vorwort

Bei der Herausgabe des Handbuches des gesamten Schleif- und Polierwesens hatte es sich als notwendig erwiesen, den ersten Band, der der Metallbearbeitung gewidmet ist, bei der Fülle des Stoffes in „Schleifen“ und „Polieren“ zu unterteilen. Da die zwei Begriffe: „Schleifen und Polieren“ häufig verwechselt werden, so wurde es erforderlich, auf den Unterschied zwischen Schleifen und Polieren näher einzugehen. Wo hört das Schleifen auf und wo fängt das Polieren an? So kann man mit Recht fragen. Diese Frage ist auch gar nicht so einfach zu beantworten. Nach dem heutigen Stand der Wissenschaft ist auch noch keine genaue Grenze zwischen „Schleifen“ und „Polieren“ festgelegt worden; denn der Poliervorgang ist noch recht wenig durchforscht. Die Poliertechnik hat sich rein empirisch entwickelt; zwar bestehen zwischen Schleifen und Polieren enge Zusammenhänge, da es sich ja um aufeinanderfolgende Arbeitsverfahren handelt, weil Polieren nichts anderes ist als Schleifen mit feinsten Mitteln, bei dem im Endstadium die Stoffabnahme fast Null ist und lediglich ein Glätten stattfindet; trotz alledem handelt es sich aber um zwei verschiedene Vorgänge.

Es kann nicht Zweck dieses Buches sein, in langen Ausführungen den Begriff „Polieren“ festzulegen und die sich zum Teil widersprechenden Theorien aufzuführen. Es dürfte genügen, wenn das Polieren zum Teil als eine Fortsetzung des Schleifens mit verfeinertem Stoff, bei dem ganz feine Späne abgenommen und die Rillen, Schrammen usw. so fein werden, daß sie mit dem Mikroskop nicht mehr sichtbar sind, bezeichnet wird. Man geht auch wohl nicht fehl, wenn man die Bildung der Politur als einen spanabhebenden Vorgang submikroskopischer Teilchen bezeichnet. Im Verlauf des Poliervorganges wird dann durch den ausgeübten Polierdruck ein Fließen der Oberfläche des polierten Werkstückes erfolgen und ein gegenseitiges Verwachsen von Metallkörnchen stattfinden. Soviel nur über den Begriff „Polieren“, denn in den nachstehenden Ausführungen sollen doch den Verbrauchern der vielartigen Poliermittel die Mittel und Wege gezeigt werden, wie mit den zeitgemäßen Polierwerkzeugen und Poliermaschinen wirtschaftlich gearbeitet werden kann, und zwar nur soweit die Metalle in Frage kommen.

Wie wohl kaum ein anderes Arbeitsverfahren ist Polieren Erfahrungssache. Zum Erfolg führt nur ein äußerst sorgfältiges und reinliches Arbeiten sowie ein feines Fingerspitzengefühl der Ausführung. Es muß als oberster Grundsatz hingestellt werden, daß nur der gelernte Facharbeiter, sowohl als Schleifer als auch als Polierer, die beste und damit billigste Arbeitskraft darstellt.

Man kann allerdings zu einfachen Schleif- und Polierarbeiten auch geeignete jüngere Hilfsarbeiter mit Hilfe der gelernten Facharbeiter anlernen, um dadurch die Facharbeiter von nebensächlichen Arbeiten zu entlasten. Handelt es sich aber um das Schleifen und Polieren von Qualitätswaren, so ist nur der erfahrene Facharbeiter in der Lage, wirklich brauchbare Arbeitsstücke herzustellen. Selbst wenn nur kleine Fehler gemacht werden und geringe Unachtsamkeiten und Ungeschicklichkeiten vorkommen, so führt dies leicht zum vollständigen Versagen der Polierarbeit, wie auch der für die Arbeit verantwortliche Meister dadurch oft zur Verzweiflung gebracht werden kann.

Polieren ist also Erfahrungssache! Die Ausführungen der nachstehenden Abschnitte sollen deshalb dem Polierer und den Hilfsarbeitern, die zur Polierarbeit herangezogen werden, einen Überblick über die Praxis der Poliertechnik geben und die hauptsächlichsten Betriebserfahrungen vermitteln. Auch die Ausführungen über die Gewinnung und Herstellung der gebräuchlichsten Poliermittel werden für den erfahrenen Polierfachmann von Nutzen sein.

Das Polieren der Edelmetalle, insbesondere soweit Schmuckwaren in Betracht kommen, konnte bei dem zur Verfügung stehenden Raum nicht ausführlich behandelt werden. Dies erschien auch nicht erforderlich, weil im Gegensatz zu anderen Arbeitsgebieten für dieses Gebiet eine geeignete Literatur vorhanden ist.

In den nachstehenden Ausführungen ist dargelegt, welche Bedeutung der Grundpolitur, die bekanntlich nicht gleichbedeutend mit Politur ist, zukommt. In diesem Zusammenhang sei gesagt, daß der Schleifer und Polierer wirkliche Künstler sind, wenn sie den fachlichen Anforderungen der Grundpolitur gerecht werden, sich fachlich weiterbilden und mehr als üblich in den Vorgang des Schleifens und Polierens von Metallen eindringen und Erforschtes praktisch anwenden. Mehr als bisher müssen die heutigen Metallschleifer und Metallpolierer mit tiefem beruflichen Ernst in die Materie der Oberflächenveredlung durch Schleifen und Polieren eindringen.

Das vorliegende Werk soll mit dazu beitragen, daß neben der praktischen Handhabung des Werkstückes vor der Scheibe auch die wissenschaftliche Belehrung über die Umgestaltung der Oberflächen unter den verschiedensten Bedingungen von seiten erfahrener und geschulter Meister oder durch die fachlich hochstehenden Schleifer und Polierer erfolgen kann.

Senator e. h. B. Kleinschmidt

Inhaltsverzeichnis

Abschnitt I.

Die Poliermittel.

Die Einteilung der verschiedenen Polierverfahren.

Für die Arbeitsverfahren der Poliertechnik gibt es in Deutschland eine Unzahl von Ausdrücken. Infolge Platzmangels kann nachstehend nur etwa ein Viertelhundert solcher Bezeichnungen aufgeführt werden.

Abglänzen
Abklären
Aufputzen
Blankmachen
Blankpolieren
Fertigpolieren
Filzen
Glänzen
Glätten
Glanzgeben
Glattmachen
Halbtrockenpolieren
Handpolieren
Hochglanzpolieren
Kugelpolieren
Nachpolieren
Naßpolieren
Pließten
Polieren
Prägepolieren
Putzen
Scheuern
Schwabbeln
Stahlpolieren
Trockenpolieren
Trommeln
Vorpolieren

In dem Wirrwarr der Ausdrucksformen findet sich auch selbst der erfahrenste Fachmann nicht mehr zurecht. Was soll man sich zum Beispiel auch unter Bezeichnungen wie Polierschleifen oder Schleifpolieren vorstellen? Tatsächlich weiß man, wie schon erwähnt, auch nicht genau, wo eigentlich das Schleifen aufhört und das Polieren anfängt.

Es scheint zweckmäßig, die hier zur Bearbeitung stehenden Arbeitsverfahren in Glänzen und Maßglätten einzuteilen[1]. Unter Glänzen ist das Arbeitsverfahren zu verstehen, daß dazu dient, Oberflächen zu verschönern und ihnen einen Schutz gegen Korrosion zu verleihen, ohne daß Genauigkeitsansprüche gestellt werden. Unter Maßglätten ist hingegen die Bearbeitung von Oberflächen mit Genauigkeitsansprüchen zur Erreichung engster Passung, guter Laufeigenschaften und Widerstandsfähigkeit gegen reibende Abnutzung zu verstehen. Die nachstehende Übersichtstafel enthält die einzelnen Benennungen der in Frage kommenden Verfahren:

[1] Siehe Schroeder, Mechanische Feinstbearbeitung, Maschinenbau Nr. 10, 13 u. 16, 1932.

Glänzen und Maßglätten.

Glänzen		Maßglätten	
Spanglänzen	Preßglänzen	Spanglätten	Preßglätten
Pließten } Feuern	Glanzdrücken	Schaben	Polierdrücken
Filzen } Feuern	Kugelpolieren	Reiben	Prägepolieren
Bürsten } Scheuern		Räumen	Polierschlagen
Trommeln } Scheuern		Feindrehen	Polierwalzen
Schwabbeln		Feinbohren	Polterziehen
		Abziehen	
		Feinschleifen	
		Einschleifen	
		Reibschleifen	
		Ziehschleifen	

Die einzelnen unter Spanglätten fallenden Arbeitsverfahren können, soweit es sich nicht um reine Polierverfahren handelt, nicht an dieser Stelle behandelt werden, um so mehr, da sie zum Teil schon in Band I behandelt worden sind, wie z. B. Einschleifen, Reibschleifen, Ziehschleifen usw.

Das in der Poliertechnik mit „Pließten" bezeichnete Arbeitsverfahren stammt aus der Solinger Industrie; schon seit sehr langer Zeit bezeichnete man in Solingen alle diejenigen Arbeiten, die an umlaufenden Holzscheiben, die mit Leder überzogen sind, vorgenommen werden, mit „Pließten". In anderen Gegenden Deutschlands ist dieser Ausdruck wenig oder gar nicht bekannt, sondern fast nur in der Solinger und Remscheider Industrie.

Das „Filzen" stellt hingegen ein neues Wort dar und bezeichnet ein mit Hilfe der Filzscheibe vorgenommenes Spanglänzen.

Wenn es darum geht, die gröberen Striche des vorbereitenden Schliffes zu überdecken, werden die Arbeitsgänge „Pließten" und „Filzen" in Anspruch genommen. Bei diesen Arbeitsgängen entsteht eine ziemliche Feuergarbe, und deshalb hat man auch das Pließten und Filzen unter den Oberbegriff „Feuern" zusammengefaßt.

Beide Arbeitsgänge haben die Aufgabe, die tiefen Schleifstriche, die von der Kunstschleifscheibe oder dem Sandstein hervorgerufen worden sind, durch feinere Striche des auf den Holz-, Leder- oder Filzscheiben aufgeleimten Schmirgelkorns zu ersetzen.

Wenn es darum geht, die Ware galvanisch zu veredeln, d. h. zu vernickeln, versilbern usw., so genügt eine Vorbearbeitung durch das Feuern nicht. Man muß vielmehr zu dem Arbeitsverfahren des Bürstens[1] greifen, um in

[1] In der Metallveredlung erzeugt das Bürsten stets einen sehr matten Ton; es wird also keine „Politur" erzeugt. Seiner Wichtigkeit halber soll das Arbeitsverfahren des Bürstens aber trotzdem in diesem Buche behandelt werden. Ein „Matt" wird stets mit der Bürste erzeugt; es wird wohl ein „Ebnen" der Fläche erzielt, sie ist aber immer matt. Das Bürsten wird angewendet bei Mattmessing, Mattnickel, Mattchrom usw. Beim Bürsten von Eisen, Stahl usw. ist es so, daß auch hier ein „Matt"

sorgfältiger Arbeit die vollständige Entfernung aller Striche mittels einer umlaufenden Fiberrundbürste zu erreichen. Als Glättungsmittel wird meistens feinster Schmirgel mit Öl verwendet; man trägt dieses Mittel auf Bürste und Werkstück auf.

Die Bearbeitung von kleineren in Mengen hergestellten Werkstücken wird zweckmäßig durch das Verfahren des Trommelns in Rollfässern und Scheuerglocken vorgenommen; erst hierdurch läßt sich ein wirtschaftliches Arbeiten erreichen, um so mehr, da man die Wirkung des Trommelns durch Beigabe von Schmirgel oder Sand, Polierrot, Leder- oder Tuchabfälle usw. entsprechend unterstützen kann. Die Trommeln läßt man kürzere oder längere Zeit umlaufen; die Ware wird um so glänzender, je länger die Werkstücke in den umlaufenden Rollfässern oder Scheuerglocken bleiben.

An Stelle des Mattierens mit Bürsten wird auch in manchen Betrieben das Sandstrahlgebläse angewendet.

Beide Arbeitsverfahren, Bürsten wie Trommeln, faßt man unter dem Oberbegriff „Scheuern“ zusammen; man spricht deshalb auch von Scheuerfässern oder Scheuerglocken.

Das Schwabbeln stellt die feinste Arbeit beim Spanglänzen dar. Man verwendet lose oder festgenähte Schwabbelscheiben aus Barchent, Flanell, Köper, Nessel und Tuch, läßt sie umlaufen und hält nun unter Hinzufügung von Glänzmitteln wie Chromoxyd, Eisenoxyd, Kalk und Kieselsäure die zu bearbeitenden Werkstücke an die Scheibe. Das starke Reiben der Oberfläche der Werkstücke mittels der umlaufenden Stoffscheiben bezeichnet man mit Schwabbeln.

Über die für einen bestimmten Zweck am besten geeignete Schwabbelscheibe, Glänzmittel und Arbeitsverfahren unterrichten ausführlich die späteren Abschnitte.

Im nachfolgenden soll nun das Verfahren des Preßglänzens behandelt werden. Hier unterscheidet man wiederum zwei Arbeitsverfahren: Glanzdrücken und Kugelpolieren. Für das erstgenannte Verfahren sind noch verschiedene andere Benennungen üblich, es seien hier nur die folgenden genannt: Licken, Polierdrücken, Polierstählen, Preßpolieren. Sondermaschinen und Polierautomaten finden ausgedehnte Anwendung und an Werkzeugen werden Polierstahl und Polierstein gebraucht, während als Glänzmittel aus Venetianer Seife hergestelltes Seifenwasser Verwendung findet, um die Edelmetalle Gold und Silber und andere Metalle wie Messing, Kupfer und dessen Legierungen, Zinn, Zink und Blei und die Niederschläge derselben zu bearbeiten. Als weiteres Anwendungsgebiet sind Hohlgefäße, Scheinwerfergehäuse und vor allem silberne oder versilberte Bestecke zu nennen.

Das Kugelpolieren, das man mit Hochglanzpolieren, Glanzpolieren, Kugeltrommelpolieren oder Blankrollen usw. bezeichnet, ist ein Polierverfahren, das bei Metall mittels hochglänzender, gehärteter Stahlkugeln (meist aus rostfreiem Stahl) in wasserdichten Trommeln oder Fässern unter Verwendung von Seifenemulsion oder oxydlösender Sonderseifenlösungen in Regen- oder destilliertem Wasser vorgenommen wird und auf der sogenannten Druckpolitur

---

erzielt wird; das eigentliche Polieren (Vorpolieren und Abklären) beginnt erst nach der Galvanisierung. — An Stelle des Mattierens mit Bürsten wird auch in manchen Betrieben das Sandstrahlgebläse angewendet.

beruht, wie sie für Einzelstücke von Hand durch den Polierstahl oder Polierstein Anwendung findet.

Das Kugelpolierverfahren eignet sich nicht nur für Massenartikel aus Stahl, Kupfer, Gold, Silber usw., sondern auch für weichere Metalle wie Aluminium und seine Legierungen, Zink, Zinn und galvanisierte Teile.

Die Arbeitsverfahren des Preßglättens werden eingeteilt in Polierdrücken, Prägepolieren, Polierschlagen, Polierwalzen und Polierziehen. Für das Polierdrücken sind auch Bezeichnungen wie Aufdornen, Aufkugeln, Preßpolieren und Rollieren[1] üblich. Als Werkzeug werden gehärtete, polierte Kugeln, Polierdorne und Rollierwalzen auf Exzenter- und Spindelpressen sowie auch Sondervorrichtungen verwendet. Anwendung findet dieses Arbeitsverfahren für Bohrungen, und zwar besonders solchen in Nichteisenmetallen. Um die Oberflächenbeschaffenheit und Maßhaltigkeit der Bohrungen zu verbessern, wird noch ein anderer Weg eingeschlagen, und zwar wird ein Verfahren angewendet, das mit „Aufkugeln" bezeichnet wird und darin besteht, daß vermittels eines Stempels eine mit polierter Oberfläche versehene harte Stahlkugel mit einem um einige hundertstel Millimeter größeren Durchmesser durch die Bohrung hindurchgedrückt wird. Beim Durchgang der Stahlkugel treten Veränderungen auf, welche die gleichen wie beim Durchziehen eines Polierdornes sind. Der Bohrungsdurchmesser wächst, die Hohlzylinderfläche erlangt eine vollkommene Glättung und die Maßhaltigkeit wird verbessert.

Das sogenannte Rollieren wird bei Lagerzapfen für Uhrengetriebe angewendet, und zwar fährt man mit den sogenannten Drückfeilen von Hand über den umlaufenden Zapfen; es wird auch maschinell mit Saphirscheiben gearbeitet.

Das Verfahren des Prägepolierens, das auch Polierrollen genannt wird, besteht darin, daß man gehärtete und polierte Rollen usw. unter Druck auf den Oberflächen rollen läßt. Bei dem Prägepolieren der Firma Fried. Krupp werden drei harte Stahlrollen verwendet, die so gelagert sind, daß kein Druck auf den Körnern der Maschine lastet.

Zum Polierrollen gehört auch das sogenannte Einrollen für Zahnräder. Die eingerollten Triebe laufen nicht nur ruhiger, sondern sie haben auch infolge ihrer verdichteten Oberfläche eine wesentlich längere Lebensdauer.

Das Verfahren des Polierschlagens findet Anwendung in der Bijouteriewarenfabrikation, in der Glühlampenindustrie, bei der Blattmetallherstellung usw. Durch Hämmermaschinen werden die gesinterten Wolframstäbe für die späteren Glühlampendrähte auf bestimmte Spielräume gesetzt.

Das Verfahren des Polierwalzens dient dazu, gewissen Blechen durch Polierwalzen die nötige Oberflächenbeschaffenheit und Gleichmäßigkeit zu geben, besonders solchen Blechen, die in der Feinmechanik Verwendung finden sollen.

Das Verfahren des Polierziehens dient dazu, die Bohrung von Ziehsteinen aus Diamanten, Rubinen und Hartmetallen usw. auf Hochglanz zu polieren.

[1] Das Rollieren erzeugt keine Politur, verformt nur ähnlich wie beim Pressen.

Die natürlichen Poliermittel und ihre Verwendung und die künstlichen Poliermittel, ihre Erzeugung und Verwendung.

Natürliche und künstliche Poliermittel.

Bei der großen Anzahl der vorhandenen Poliermittel ist es nicht so leicht, die richtige Auswahl für einen bestimmten Verwendungszweck zu treffen. Außer einer gründlichen Kenntnis der Eigenschaften der Metalle bzw. des Verhaltens derselben beim Polieren muß man auch eingehende Kenntnisse der Eigenschaften der zur Verwendung gelangenden Poliermittel besitzen, um ein wirtschaftliches Polieren zu erreichen. Um Mißgriffen vorzubeugen, ist es daher erforderlich, die Poliermittel eingehend zu behandeln und auf ihre besondere Verwendbarkeit hinzuweisen.

Man kann die Poliermittel für das Polieren der Metalle in harte, stark angreifende und in weiche, sanft wirkende Mittel einteilen. Zu den ersteren gehören z. B.:

Berylliumoxyd
Bimsstein
Chromoxyd
Eisenoxyd (Polierrot, Crocus)
Granat
Korund
Quarz (Feuerstein)
Schmirgel
Silizium-Karbid
Stahlwolle.

Zu den sanft wirkenden Mitteln gehören:

Diatomeenerde
Hirschhorn
Knochenasche
Kreide
Muschelschalen
Ossa sepia (weißes Fischbein)
Talk
Tripel (Polierschiefer)
Wiener Kalk
Zinkoxyd (Zinkweiß)
Zinnoxyd (Zinnasche).

In der nachstehenden Zusammenstellung sind die wichtigsten Polierstoffe, die auch zum Teil als Schleifstoffe Verwendung finden, nach bestimmten Eigenschaften eingeteilt:

Poliermittel.

Kieselsäurehaltige Stoffe	Kalkhaltige Stoffe	Metalloxyde	Sonstige Polierstoffe
Bimsstein	Gebrannter kohlensaurer Kalk: Wiener Kalk	Berylliumoxyd	Korund
Diatomeenerde (Kieselgur)	Gebrannter schwefelsaurer Kalk	Chromoxyd: Poliergrün	Silizium-Karbid
Granat	Kalkspat	Eisenoxyd: Polierrot Crocus	Schmirgel
Kieselsaure Tonerde	Kohlensaurer Kalk: Naturkreide geschlämmt	Magnesiumoxyd: gebrannte Magnesia	Schwerspat
Quarz	Künstliche Kreide	Zinkoxyd: Zinkweiß	Stahlwolle
Tripel	Muschelschalen	Zinnoxyd: Zinnasche	
	Ossa sepia = Cuttlefish (Rückenschale des Tintenfisches)		
	Phosphorsaurer Kalk: gebr. Hirschhorn, Knochenasche		

Berylliumoxyd.

Beryllium ist mit einem spezifischen Gewicht von 1,85 um ein Drittel leichter als Aluminium (2,7) und besitzt eine sehr große Härte (es ritzt Glas), es ist andererseits aber sehr spröde. Der Schmelzpunkt liegt bei 1278° C (Al. 658°). Der technische Bl.-Gehalt von etwa 98 % enthält neben geringen Schlackeneinschlüssen etwa 1 % Eisen.

Das Berylliumoxyd, ein weißes, amorphes unschmelzbares Pulver, ist eine Sauerstoffverbindung des Leichtmetalls Beryllium. Die Tatsache, daß das Beryllium dem Aluminium chemisch nahe steht, läßt es nicht überraschend erscheinen, daß auch sein Oxyd sehr große Härte besitzt.

Das Berylliumoxyd ist der Hauptbestandteil eines Schleif- und Poliermittels, das der Firma Siemens & Halske A.-G. unter Nr. 589374 patentamtlich geschützt ist; und zwar handelt es sich um ein Mittel zum Polieren, Abziehen und Schleifen von Gegenständen großer Härte, insbesondere von Hartlegierungen, das dadurch gekennzeichnet ist, daß es hauptsächlich aus möglichst reinem, bei über 1700° gesintertem Berylliumoxyd besteht.

Nach dem erwähnten Patent wurde das Berylliumoxyd bisher im wesentlichen für feuerfeste Tiegel benutzt. Seine Eignung als Polier- und Schleifmittel für Gegenstände großer Härte hatte man noch nicht erkannt.

Berylliumoxyd wird vorteilhaft in Form von festen Körpern als Schleifscheiben oder dergleichen verwendet. Dabei können die Berylliumoxydteilchen entweder durch einen Stoff miteinander vereinigt sein, der ebenfalls bei hoher Temperatur gesintert ist, wie z. B. Aluminiumoxyd. Nach dem erwähnten Patent erhält man ein noch festeres Gefüge, wenn man nur die reinen Berylliumoxydteilchen beispielsweise mit Hilfe eines gießfähigen Schlikkers oder durch Pressen formt und die Formkörper bei einer Temperatur über 1700° C, z. B. bei

1900—2000 °C sintert. Wenn das Sintern bei hoher Temperatur lange genug fortgesetzt wird, tritt durch Verwachsen der Kristalle eine starke Verfestigung des Körpers ein.

Die auf diese Weise erhaltenen Körper können nicht nur zum Schleifen und Abziehen von Hartmetall-Legierungen und ähnlichen Stoffen dienen, sondern sie sind auch brauchbar zum Schleifen und Polieren von Gegenständen aus gesinterten Metalloxyden, beispielsweise hochgesintertem Aluminiumoxyd, das seiner großen Härte wegen bisher kaum bearbeitet werden konnte.

Bimsstein.

Der natürliche Bimsstein bildet sich bei der Erkaltung vulkanischer Massen. Er ist auf der Erde weit verbreitet. Das Gefüge und die Zusammensetzung sind je nach der Gegend, wo er gefunden wird, ganz verschieden. Auch ist die geologische Beschaffenheit seines Entstehungsortes für seine Zusammensetzung maßgebend.

Der graue Bimsstein enthält viel Kali und ist schwer an Gewicht. Seine Lufträume sind blasiger Natur, so daß er den Eindruck eines Schwammes erweckt. Mehr Kieselsäure enthält der helle weiße Bimsstein, dessen Poren eine röhrenförmige Art zeigen. Die Zusammensetzung und Struktur des Bimssteins ist unregelmäßig.

Es finden sich in Bimsstein oft harte Körper, die ein Kratzen beim Polierprozeß hervorrufen. Aus diesem Grunde kam man auf den Gedanken, künstliche Bimssteine herzustellen.

Der natürliche Bimsstein wird außer zum Abschleifen von Metall vorwiegend zum Vorpolieren von Weichmetallen, Holz, Horn, Knochen, Galalith usw., ferner auch zur Herstellung von Bimssteinpapier oder Bimssteinleinwand verwendet. Naturbimsstein wird auch zum Handscheuern wie auch zum Rollen in Scheuerfässern gebraucht.

In Deutschland wird Bimsstein am Laacher See und bei Andernach am Rhein gefunden. Er ist in der ganzen Welt vorhanden, besonders aber in Italien auf der Insel Lipari.

Der hergestellte (künstliche) Bimsstein.

Schon im Jahre 1829 wurde der Bimsstein künstlich hergestellt, und zwar ist das Herstellungsverfahren dieses Stoffes eine deutsche Erfindung, die von Jakob Christian Schumacher, der 1793 in Bietigheim (Württbg.) geboren war, gemacht wurde, weil die Härtegrade des natürlichen Bimssteins als Naturerzeugnis nicht zu regeln waren und der Naturstoff so verwendet werden mußte, wie er eben gewonnen wurde. Da es dabei häufig vorkam, daß sich im natürlichen Bimsstein unreine Teile befanden, die die Arbeit, zu der er gerade verwendet wurde, durch Kratzer unbrauchbar machte, kam man zur Herstellung des künstlichen Bimssteins.

Zur Herstellung dienen Rohstoffe, die deutschen Ursprungs sind. Das Rohgestein, ein nahezu 100%ig reiner Quarz, das in der in Abb. 1 gezeigten Gewinnungsstätte bei Bietigheim gewonnen wird, kommt in dieser Reinheit in der Natur nur selten vor. Es wird zunächst mehrere Jahre im Freien gelagert, also der Verwitterung ausgesetzt und daraufhin erstmalig gebrannt sowie zu Sand zerkleinert. In einer besonderen Anlage wird es gemahlen, geschlämmt, mit Zusätzen versehen und nach vier Grundgrößen getrennt. Es entsteht eine schleimige, flüssige Masse, die in Formen gegossen, vorgetrocknet und dann dem eigentlichen Brennprozeß zugeführt wird.

Abb. 1. Gewinnung des Rohgesteins im Quarzsteinbruch bei Bietigheim.

Der Brennprozeß ist der wichtigste Teil der Herstellung der künstlichen Bimssteine. In Abb. 2 wird eine Ringofenanlage, die aus 16 Kammern besteht, in Teilansicht dargestellt.

Die künstlichen Bimssteine werden je nach der Feinheit und Härte bei etwa 900—1200° C gebrannt. In einem Schleifsaal werden die Bimssteine dann abgeputzt und von Unebenheiten befreit sowie nach Körnung und Härte sortiert. Der letztgenannte Arbeitsgang ist sehr schwierig, weil er nur von Hand ausgeführt werden kann und die damit betrauten Leute sich zuverlässig auf Gehör und Gefühl verlassen müssen.

Es ist erfreulich, daß es der deutschen Industrie vorbehalten geblieben ist, dem Bimsstein die Eigenschaften zu verleihen, die er heute besitzt; es ist ihr gelungen, den Bimsstein zu einem vollendeten Schleif- und Polierstein zu gestalten.

Abb. 2. Ringofenanlage (Teilansicht).

Sein Vorteil liegt darin, daß er ein gleichmäßiges Gefüge aufweist, infolgedessen beim Polieren keine kratzende Wirkung ausüben kann.

Der Naturbimsstein, der zur Familie der Trachyte gehört, ist in Zusammensetzung und Gefüge je nach dem Fundort verschieden und für Schleifzwecke bei Qualitätsansprüchen weniger geeignet, weil, wie schon erwähnt, sich Stoffe in ihm befinden (z. B. Glimmerschuppen, Sanidinkörner, Quarzkristalle), die als kratzende Bestandteile den Polierprozeß noch kurz vor Beendigung verderben.

In der Regel werden die künstlichen Bimssteine in vier Körnungen (Rauhgrade) und drei Härten hergestellt. Die nachstehende Sortenbezeichnung ist diejenige der Schumacherschen Fabrik in Bietigheim.

Tafel der Körnungen und Härtegrade.

1 I Grobes Korn weich	2 I Mittleres Korn weich	3 I Feines Korn weich	4 I Feinstes Korn weich
1 II Grobes Korn hart	2 II Mittleres Korn hart	3 II Feines Korn mittelhart	4 II Feinstes Korn mittelhart
1 III Grobes Korn sehr hart	2 III Mittleres Korn sehr hart	3 III Feines Korn hart	4 III Feinstes Korn hart

Von Interesse ist auch die nachstehende Schleif- und Poliertafel, welche die Verwendung des künstlichen Bimssteins in der Metallbearbeitung zeigt.

Schleif- und Poliertafel:

Schleifen und Polieren von	Vorschliff			Fertigpolieren		
	Körnung	Härte	trocken naß	Körnung	Härte	trocken naß
Spachtelgrd., Lackgrd. .	1	I, II		3	I, II	
altem Lackanstrich . . .	2	I, II	naß	4	I, II	naß
Aluminium	3	I	naß	4	I	naß
Eisen	1	II		3	II	
	2	II	trocken	3	III	trocken
Kupfer	3	I	naß	4	I	naß
Messing	3	I	naß	4	I	naß
Stahl	1	II		3	I	
	2	II	trocken	3	II	trocken
	Rauhb.	I				
Zink	2	I		3	II	
	3	I	trocken	4	I	naß
Formstecherei, Tapetendruckwalzen	2	II	trocken	3	II	trocken

Abb. 3. Verarbeitung von Bimsstein zum Schleifen von Spachtelgrund.

Abb. 4. Verarbeitung von Bimsstein in Eisenbahnwerkstätten.

Der künstliche Bimsstein wird im Gegensatz zu den unregelmäßigen Stücken des natürlichen Bimssteins in handlichen Formen geliefert. Das $^3/_4$ kg Handformat ist wohl das gebräuchlichste. Durch dieses dem Verwendungszweck angepaßte Herstellungsverfahren wird dem Verbraucher die Möglichkeit gegeben, sowohl hinsichtlich Körnung und Härte sowie Formen die Sorten auszusuchen, welche für seine Zwecke am geeignetsten sind und ihm ein wirtschaftliches Arbeiten gestatten.

Die künstlichen Bimssteine finden außer in der Metallbearbeitung hauptsächlich Verwendung in Waggonfabriken, Möbelfabriken, Lackierereien, Marmorschleifereien, Steindruckereien, Lederfabriken, Hut- und Filzfabriken, und zwar zum Vorpolieren von Holz, Horn, Knochen, Elfenbein und ähnlichen Werkstoffen. Diese Verwendungszwecke werden ausführlich in Band 3 und 4 dieses Werkes behandelt werden.

Wie aus der vorstehenden Schleif- und Poliertafel ersichtlich, finden in der Metallbearbeitung die künstlichen Bimssteine hauptsächlich Verwendung außer zum Schleifen zum Polieren von Messing, Kupfer, Eisen, Aluminium usw., und zwar die Nr. 1II, 1III, 2II, 2III, 3III, 4III. Die Blechwarenfabriken verwenden die Nr. 2I, 2II, 3I, 3II, 4I, 4II.

Die gangbarsten Größen der künstlichen Bimssteine sind die folgenden:

Handform von etwa $^3/_4$ kg	. . etwa	130 × 70 × 60 mm
„ „ „ $^1/_2$ kg	. . „	100 × 60 × 60 mm
Platten „ „ $2^1/_4$ kg	. . „	200 × 150 × 50 mm
„ „ „ 2 kg	. . „	200 × 120 × 50 mm
Täfelchen (Speichensteine)	. . „	130 × 60 × 20 mm
„ „	. . „	110 × 70 × 10 mm
„ „	. . „	70 × 40 × 7,5 mm
„ „	. . „	65 × 55 × 7,5 mm

Ferner erfolgt Herstellung in verschiedenen Größen in Scheiben-, Würfel- und Stangenform usw.

Die Abb. 3 u. 4 zeigen die verschiedenartige Verwendung des künstlichen Bimssteins.

Chromoxyd (Poliergrün).

Chromoxyd (Poliergrün) ist jüngeren Datums als das Polierrot, wird aber in neuerer Zeit mehr und mehr angewendet. Hauptsächlich wird es zum Polieren von Platin und Stahl, für verchromte Oberflächen und für rostfreien Stahl benutzt. Besonders bei dem letzteren wird durch Poliergrün ein höherer Glanz als mit irgendeinem anderen Polierstoff erzielt, wenn es richtig angewendet wird. Um die besten Erfolge zu erzielen, ist es wichtig, daß das zu polierende Werkstück wie auch die Zusammensetzung absolut rein und frei von allen Fremdstoffen, wie z. B. anderen Metalloxyden, Schwefel usw., sind.

Chromoxyd ist ein grünes Pulver aus mikroskopisch kleinen Körnern von großer Härte und hoher Polierkraft. Durch Eindringen in die Oberflächenporen des Stahles scheint es auch eine rostschützende Wirkung auszuüben.

Diatomeen-Erde (Kieselgur).

Diatomeenerde, auch Kieselgur oder Infusorienerde usw. genannt, ist opalartige hydratisierte, amorphe Kieselsäure mit 3—7% H_2O und 1—10% Beimengungen. Sie stellt die verkieselten Rückstände kleiner, blütenloser Wasserpflanzen, die zur Gruppe der Algen gehören, dar.

In ihrer Form und Farbe sind die Diatomeen äußerst verschieden. Obwohl über die ganze Erde verbreitet, besitzen nur wenige Lagerstätten Handelsbedeutung, in erster Linie Deutschland, die Vereinigten Staaten von Nordamerika und Afrika.

Von Tripel unterscheidet sich die Diatomeenerde im wesentlichen nur durch den Grad der Verfestigung. Sie ist weiß, grau, gelblich, bräunlich oder grünlich gefärbt, zwischen den Zähnen leicht zerreiblich und fühlt sich mager an.

Die Art der Verunreinigungen bestimmt den Handelswert der Diatomeenerde. Die hauptsächlichen Verunreinigungen sind Sandkörner, Eisenoxyde und organische Substanzen. Zu ihrer Entfernung wird die Diatomeenerde zunächst geschlämmt und getrocknet und dann in einem besonderen Ofen gebrannt. Zur Erzielung eines möglichst gleichmäßigen und feinen Korns wird die Diatomeenerde einem Mahlprozeß unterworfen und gelangt danach als Pulver in Säcken verpackt zum Versand. Sie wird in lockerer Form sehr viel als Polier- und Putzmittel sowie zum Reinigen von fettigen und öligen Glasgegenständen benutzt.

Eisenoxyd (Fe_2O_3).

Der höchste Glanz auf Metallen wird durch gewisse Metalloxyde erreicht. Gewisse Metalle haben auch eine gewisse Affinität für einander; wenn sich das eine in Form eines Poliermittels befindet, so wird der höchste Glanz auf der Oberfläche des anderen, das poliert wird, erzielt.

Eisenoxyd ist auch (für Eisenoxyde weicherer Art) unter dem Namen Polier-Rot, Englisch-Rot oder Pariser-Rot, Venezianisch-Rot, Rötel, Blutstein, Crocus, Eisenstein, Caput mortuum, Colcothar bekannt. Die Bezeichnung Polierrot ist besonders gebräuchlich. Es besteht in der Hauptsache aus Eisenhydroxyd. Die Färbung ist je nach Struktur und Darstellung hellrot bis violett; je dunkler die Färbung, desto härter ist das Polierrot. Es wird zum größten

Teil aus dem in vielen Eisenerzlagerstätten vorkommenden Roteisenerz gewonnen. Von natürlichem Vorkommen sei der Roteisenstein (Hämatit) genannt, der auch als Blutstein in geschliffenen und polierten Stücken verschiedener Formen zum Polieren des Silbers Verwendung findet. Der Roteisenstein wird zerschlagen, gemahlen und geschlämmt.

Ferner wird Polierrot als Nebenprodukt bei der Aufbereitung von Magnetkies sowie beim Rösten von Schwefelkies in der Schwefelsäurefabrikation gewonnen.

Das Polierrot kommt in Kugel-, Stangen- und Pulverform in den Handel. Es dient zum Polieren von Metallen, Glas und Stein. Polierrot ist das am meisten zur Anwendung gelangende Poliermittel für die Endpolitur auf Edelmetallen, besonders Gold und Silber, zuweilen auch für Messing und Stahl, der Hochglanz benötigt. Ebenso findet es Verwendung bei der Anfertigung von Metallschliffen. Es eignet sich für die allerfeinsten Schlußpolierungen von höchstem Glanz.

Der Granat.

Granate bilden eine Gruppe von Mineralien, deren physikalische und kristallinische Eigenschaften einander sehr ähnlich sind. Granat ist ein natürlicher Schleif- und Polierrohstoff, dessen besondere Eignung für bestimmte Verwendungszwecke innerhalb der Schleifmittelindustrie erst in neuerer Zeit voll erkannt und ausgewertet worden ist.

Der Granat wird meistens in Granit-, Glimmer- und Chloritschiefer-, Serpentin- und Gneislagern gefunden. Er geht häufig mit diesen Gesteinen eine innige Verbindung ein und erscheint in kristallinischen Gebilden verschiedener Form, auch in Kristallkörpern und Aggregaten, selten in dichten Massen. So sind z. B. die wertvollen Glieder der Familie des Granats, der Rubingranat, Pyrop, Almandin usw., Steine, die zu den Schmucksteinen gezählt werden, während der als Schleif- und Poliermittel bekannte Granat gewöhnlicher Art und meistens von gelber bis rötlicher Färbung ist.

Für die Anwendung des Granats als Schleifmittel ist seine Härte und die Art seines Bruches, der besonders viele Angriffsflächen und -spitzen bieten soll, maßgebend. In dieser Beziehung liefert Nordamerika den besten Granat. Andere Lager finden sich in Norwegen, Spanien, Böhmen und im Ural. Auch in Bayern wird Granat gegraben, doch ist sein Vorkommen hier nur von geringer Bedeutung.

Die Hauptverwendung des Granats liegt in der Verarbeitung zu Schleifpapier und Schleifleinen.

Der Granat Bayerns, der auch bayrischer Schmirgel genannt wird, kommt für die Bearbeitung der Metalle als Schleif- und Poliermittel nicht in Frage, sondern wird fast ausschließlich als Schleif- und Polierpulver in der Spiegelglasindustrie Niederbayerns, Böhmens, der Oberpfalz und Oberfrankens verwendet.

Kaolin.

Porzellanerde, Kaolin oder kieselsaure Tonerde findet sich in zahlreichen Lagerstätten in Deutschland, und zwar hauptsächlich in Sachsen, Thüringen, Bayern und in der Rheinprovinz. In feingeschlämmtem Zustande wird er zur Herstellung verschiedenartiger flüssiger, breiiger und fester Polier- u. Putzmittel für Metall, Glas usw. verwendet. Spez. Gewicht: 2,2—2,6.

Der Naturkorund.

Der Naturkorund hat einen größeren Gehalt an Aluminiumoxyd (Al_2O_3) als der Schmirgel und ist demgemäß auch ein besseres Schleif- und Poliermittel. Ein gut aufbereiteter Naturkorund besitzt 90—95% reine Tonerde.

Je nach der Beschaffenheit werden drei verschiedene Arten unterschieden: Blockkorund, Sandkorund und Kristallkorund. Der Blockkorund, der in großen Blöcken vorkommt, ist meistens mit anderen Mineralien durchsetzt. Durch seine große Härte läßt er sich schwer zerkleinern und die Aufbereitung ist schwierig. Die kristallisierten Arten des Korunds, die sich häufig in anderen Mineralien finden, werden als Kristallkorund bezeichnet. Der Sandkorund findet sich als Einlagerung und besteht aus unregelmäßigen groben und feinen Körnern.

Der Naturkorund, der farblos bis gelb vorkommt, findet sich in erster Linie in Kanada, in den Vereinigten Staaten von Nordamerika, in Afrika, Brasilien, Indien und auf Madagaskar. Die Gewinnung ist schwierig wegen der großen Zähigkeit des Werkstoffes, und weil er sich meist als Einsprengung in anderen Gesteinen findet. Der gewonnene Korund wird in schweren Steinbrechern und auf Walzengängen, die mit Rührwerken versehen sind, zerkleinert. Die Beimengungen des Korunds fließen ab, und der schwere Korund sinkt zu Boden. Nachdem der Korund dann noch verschiedene Rührwerke und Siebarten durchlaufen hat, ist er verwendungsfähig. Durch Zerkleinerung auf dem Pochwerk erzielt man eine kugelige Kornform und auf Walzwerken eine flache.

Der wichtigste und wertvollste Korund ist derjenige, der neben seiner Härte eine gute Spaltbarkeit zeigt, das heißt, der Korund muß in der Lage sein, neue scharfe Kanten, Schneiden und Ecken zu bilden. Diese Eigenschaft erhöht seinen Wert als Schleif- und Poliermittel ganz außerordentlich.

Die Erfindung der künstlichen Schleifmittel Silizium-Karbid und Elektrokorund hat den Absatz von Schmirgel und Naturkorund stark herabgemindert; denn das künstliche Schleif- und Poliermittel hat den Vorzug, daß es in seiner Zusammensetzung viel gleichmäßiger ist und folglich einen größeren Wert darstellt.

Der Korund findet hauptsächlich Anwendung in der Schleif- und Polierindustrie, einerseits zur Herstellung fester Scheibenkörper, der Schleifrutscher, Schleiffeilen und Abziehsteine sowie des Schleifbelages von Schleifpapieren und -leinen, andererseits als loses Schleifmittel, für Polierpasten usw. oder zum Belegen von Feuerscheiben, Filzscheiben usw.

Elektrokorund oder Kunstkorund.

Der Elektrokorund kommt unter verschiedenen Handelsnamen auf den Markt. Seine chemische Zusammensetzung ist wie folgt:

$$Al_2O_3 + Fe_2O_3 + SiO_2 + TiO_2.$$

Der Gehalt an Al_2O_3 beträgt 90—95 und bis 99,5%. Der Elektrokorund kristallisiert rhomboedrisch. Seine Spaltbarkeit ist geringer als die des Naturkorunds, seine Farbe rötlich bis weiß, die Bruchform muschelig körnig, seine Härte nach Mohs über 9, sein spezifisches Gewicht 3,9—4. Es handelt sich bei dem Elektrokorund um ein sehr zähes Material.

Der Elektrokorund, der als hergestellter Schleifrohstoff auch Kunstkorund genannt wird, darf als der heute zweitwichtigste Schleif- und Polierrohstoff angesprochen werden.

Man versteht unter Elektrokorund (Abb. 5) das auf elektrischem Wege hergestellte, kristallisierte Aluminiumoxyd zum Unterschied von dem als „Naturkorund" bezeichneten, in der Natur vorkommenden, kristallisierten Aluminiumoxyd. Im Gegensatz zu Silizium-Karbid, das nur in einer Qualität hergestellt wird, gibt es bei dem Elektrokorund eine ganze Reihe von Arten und Sorten,

Abb. 5. Elektro-Korund-Kristall.

die sich durch ihren Tonerdegehalt unterscheiden. Dazu kommt noch, daß selbst zwei Erzeugnisse, die denselben Tonerdegehalt haben, je nach ihrer Herstellungsweise verschieden sein können.

Als Rohstoff dient bei der Herstellung des Elektrokorunds neben der Kohle das bekannte, tonerdereichste Mineral Bauxit, so genannt nach seinen ersten Fundstätten bei Les Beaux in Südfrankreich. Bauxit ist ein kolloidales Verwitterungsprodukt tonerdehaltiger Gesteine wie z. B. Granit, Gneis und Basalt. Das Mineral ist rot bis weiß gefärbt und wurde lange Zeit nur in Frankreich abgebaut.

Andere wichtige Lagerstätten des Minerals befinden sich in Ungarn[1], Dal-

[1] Besitzrechte befinden sich davon in deutschen Händen.

matien, Istrien, Rumänien und vor allem in Nordamerika. Die nordamerikanischen Lager wurden kurz vor dem Weltkrieg entdeckt. Die Bauxiterzeugung Nordamerikas hat sich seitdem ganz bedeutend erhöht. Auch der Dalmatinische Bauxit gewinnt mehr und mehr an Bedeutung. In Rumänien ist Bauxit ebenfalls in riesigen Lagern vorhanden, von denen die wichtigsten sich im westlichen Siebenbürgen zwischen der ungarischen Grenze und Klausenburg, südlich von Großwardein in den Bergen des Bihur befinden. Die Bauxitlager Frankreichs erstrecken sich über die südlichen Departements: Var, Boûches du Rhône und Ariège, sie gehören der Kreideformation an; die Mächtigkeit der Lager erstreckt sich meistens auf 6—8 m, an einigen Stellen aber bis auf 25 m.

Abb. 6. Elektrischer Ofen zur Erzeugung von Elektrokorund.

Die durchschnittlichen, prozentualen Zusammensetzungen sind die folgenden:

Bauxit	Al_2O_3	SiO_2	Fe_2O_3	TiO_2	H_2O
weiß	60—70	3—13	2—5	3—5	12—20
rot	55—65	1—3	15—20	3—5	15—20
grau	55—60	8—12	8—12	3—5	15—20

Im Bauxit kommen außerdem Kalk, Kalium und Natriumkarbonat und auch Borsäure in kleinen Mengen vor.

Für die Verarbeitung auf Kunstkorund wird der Bauxit etwa auf Größe einer Walnuß zerkleinert, möglichst weit kalziniert und mit Anthrazit gemischt. Im elektrischen Ofen (Abb. 6) wird hierauf das Gemisch auf über 2000^0 erhitzt, wobei der Bauxit schmilzt und zuerst die Eisen- und hierauf die Silizium- und Titanverbindungen durch den Kohlenstoff reduziert werden. Der kleinere Teil des Siliziums entweicht als Siliziumoxyd in Form eines weißen Rauches und der größere Teil bildet mit dem reduzierten, metallischen Eisen Eisensilizite. Auf Grund ihres hohen spezifischen Gewichtes sinken die Eisensilizite, die während des Schmelzvorganges flüssig bleiben, zu Boden. Die Trennung des spezifisch leichteren Aluminiumoxyds von den Reduktionsprodukten wird hierdurch rein mechanisch unterstützt.

Der Raffinationsprozeß ist beendet, sobald die Reduktion der Eisen-, Silizium- und Titanoxyde vollzogen und eine weitgehende Scheidung der Schmelze in eine untere Schicht von silizium- und titanhaltigem Eisen und eine obere von Aluminiumoxyd eingetreten ist. Hierauf wird das flüssige Eisen und das Aluminiumoxyd getrennt aus dem Ofen entfernt oder je nach der Arbeitsweise läßt man es auch im Ofen erkalten. Hierbei kristallisiert Aluminiumoxyd zu Elektrokorund.

Der Herstellungsgang wird entweder als Abstichbetrieb fortlaufend gestaltet, wenn man dem Ofen von oben immer neue Mischung zugibt und von

Abb. 7. Die Elektrokorund-Blöcke werden aus dem Ofen gehoben.

Zeit zu Zeit den gebildeten Korund und das Eisen im flüssigen Zustand durch eine Abstichöffnung abzieht, oder auch unterbrochen als sogenannter Blockbetrieb, d. h. man läßt im Ofen einen möglichst großen Block von geschmolzenem Korund anwachsen, unterbricht hierauf den Prozeß, entfernt den Block aus dem Ofen und beschickt hierauf den Ofen von neuem.

Die Herstellung der Blockware ist zwar teurer als die der Abstichware, jedoch ist die Güte eine bessere. Die Herstellung des Elektrokorunds ist durchaus nicht einfach. Gibt man zu wenig Kohle zu, so erhält man zwar ein gut auskristallisiertes Erzeugnis, das jedoch dunkelbraun bis schwarz ist und, wenn es nur etwa 85—92 % Aluminiumoxyd enthält, sich nur für Schleifscheiben geringerer Güte eignet. Ein solcher Korund ist auch wohl zäh, aber nicht so hart als die reinere Ware. Gibt man zuviel Kohle zu, so erhält man ein Erzeugnis, das wegen seiner Brüchigkeit gänzlich unbrauchbar ist und unter Umständen sogar zu Staub zerfällt.

Infolge der an sich erwünschten Zähigkeit des Elektrokorunds ist das Zerkleinern des Materials außerordentlich schwierig.

Sowohl für den Abstich- wie auch für den Blockbetrieb werden Öfen gleicher Art verwendet, und zwar wird ein Ofen benutzt, der aus einem ortsfesten oder fahrbaren Herd von 1½—4 m Durchmesser besteht, dessen Boden mit Kohle, Teer usw. ausgestampft ist. In dem oberen offenen Ofen werden freischwebend drei Kohleelektroden gehängt, zwischen denen der Lichtbogen erzeugt wird. Als Verbindung der Elektroden mit den Kupferkabeln, die als Stromzuführung dienen, gelangen Fassungen verschiedener Art mit und ohne Wasserkühlung zur Verwendung. Als Stromquelle dient Dreiphasendrehstrom von 6300 Volt.

Die Brenndauer des Ofens beträgt etwa 36—40 Stunden. Im Blockverfahren legt man nach dem Erkalten um den Block eine an einem Kran hängende Kette (Abb. 7) und hebt ihn von der Schmelzstelle auf einen Wagen, um ihn dann aus der Schmelzhalle zu fahren. Der Block muß nun noch etwa 4—5 Tage erkalten, ehe er von dem Wagen gehoben werden kann; auch kann er noch nicht weiter bearbeitet werden, muß vielmehr noch 8—12 Tage erkalten. Hierauf wird der Block mittels eines Fallbären zerschlagen. Die zerschlagenen Stücke werden in Brechern weiter zerkleinert und dann gereinigt.

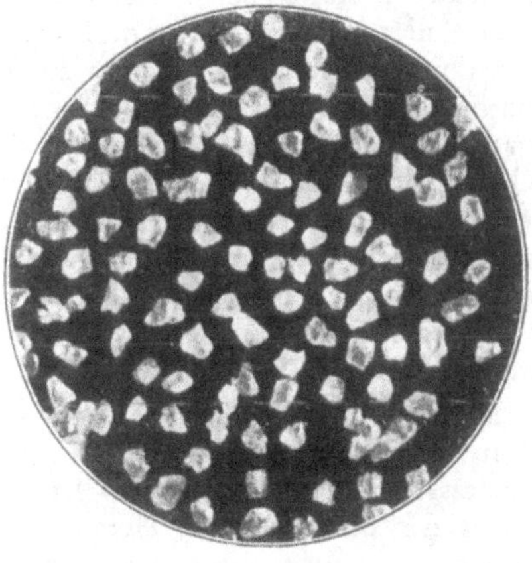

Abb. 8. Edelkorund, Körnung Nr. 30 (2,5 vergrößert).

Im Abstichbetrieb wird in ähnlicher Weise wie beim Blockbetrieb vorgegangen, nur wird der flüssige Elektrokorund alle 4—6 Stunden durch ein Loch im Ofenmantel abgezogen.

Während die minderwertige Qualität des Elektrokorunds dunkelgrau bis schwarz gefärbt ist, zeigt die hochwertige Ware weiße bis graue Farbe, öfters auch ins Bräunliche oder Rosa gehend. Seine Härte ist geringer als die des Siliziumkarbids, wenn sie auch erheblich über die Nr. 9 der Mohsschen Härteskala hinausgeht.

Der handelsübliche Elektrokorund teilt sich in drei Arten: die geringere Qualität enthält etwa 60—80%, die bessere Qualität etwa 94—97% Aluminiumoxyd, während die ganz hochwertige Ware, die als Sonder- oder Edelkorund bezeichnet wird, einen Aluminiumgehalt von 99—99,5% hat. Der Edelkorund (Abb. 8) wird aus Tonerdepulver (Tonerdehydrat) hergestellt und besteht aus weißen, gut durchgebildeten Kristallen, die sich mit der Hand leicht auseinanderbrechen lassen; der einzelne Kristall besitzt scharfe Spitzen und Kanten, so daß er eine sehr gute Schleif- und Polierarbeit leisten kann.

Knochenasche.

Knochenasche wird durch Erhitzung der Knochen an der Luft erhalten; sie bildet zerrieben ein weißes Pulver, das hauptsächlich basisches Kalziumphosphat enthält. Knochenasche stellt ein wirksames Poliermittel für Metall dar und wird trocken oder naß mit Spiritus oder Salmiakgeist angewandt.

Ossa sepia.

Ossa sepia (weißes Fischbein) besteht aus der Rückenschale des Tintenfisches. Sie enthält 82 % kohlensauren Kalk, 4 % organische Bestandteile, ferner Wasser und Salze. Als Poliermittel für Metalle und Holz findet sie Verwendung.

Quarz (Feuerstein).

Quarz (Kieselsäureanhydrit) SiO_2 ist ein wesentlicher Gemengteil vieler Felsarten. In der Technik wird der Quarz hauptsächlich in Stücken und gemahlen verwendet. Quarzmehl wird als Putz- und Scheuerpulver verwendet.

Infolge der schleifenden Wirkung des Quarzpulvers wird es auch als porenfüllendes Material bei der Herrichtung von Holzflächen vor dem Lackieren und Polieren, wie auch zum Polieren verschiedener Materialien verwendet; allerdings kann man hierzu nur die feinsten Quarzmehle, die eine reine, weiße Farbe besitzen müssen, gebrauchen, da sonst leicht eine Veränderung der natürlichen Farbe des Holzes oder des supplierenden Materials erfolgen kann. Quarzsteine werden auch zum Rollen (Scheuern) von dünnen Eisengußteilen verwendet. Bei richtiger Füllung der Scheuerfässer, die durch Probieren jeweils nach Warenform unschwer festzustellen ist, erübrigt sich dann ein nachfolgendes Schleifen auf der mit Leder bezogenen und mit Schmirgelkorn versehenen Scheibe, sofern die Ware mit Lederabfällen in rotierenden Fässern nachfolgend blankgerollt wird.

Sehr wichtig ist auch die Verwendung des Quarzsandes in der Herstellung von Siliziumkarbid. Für diesen Zweck verwendet man möglichst nur reine Quarzsande, wie sie sich also hauptsächlich in der Tertiärformation finden. Einer der bedeutendsten Hersteller des Siliziumkarbids benutzt z. B. einen zerkleinerten, gewaschenen und getrockneten Quarzsand mit 99,5 % SiO_2.

Der Feuerstein ist ein meist wenig intensiv schwarz, gelblich oder rötlich gefärbter Quarz. Er zeigt zuweilen eine durch verschiedenfarbige Lagen hervorgerufene Bänderung und besitzt muscheligen, scharfkantigen Bruch und deutlichen Fettglanz. Er ist schwach kantendurchscheinend bis vollkommen undurchsichtig.

Sein Hauptverbreitungsgebiet liegt an der Nordseeküste von Frankreich und Belgien, an der Südküste von England, an den dänischen Küsten und auf Rügen.

Gemahlener Feuerstein wird zu Schleifzwecken verwendet, und zwar zur Herstellung des sogenannten Flintpapiers; auch wird er in Schleif- und Ausputzmaschinen benutzt.

Wegen seiner Härte werden in untergeordnetem Maße auch Polier- und Glättsteine und ähnliche technische Gegenstände aus Feuerstein in gleicher Weise wie aus Achat hergestellt.

Häufig wird der Feuerstein auch als Ersatz für Granat herangezogen, da er bedeutend billiger ist als dieser. In der Wirkung unterscheidet er sich aber von Granat dadurch, daß er flachere und spitzere Körner gibt, während der Granat in vollkörnigere und scharfkantigere Bruchstücke bricht.

Der Schmirgel.

Der Schmirgel ist ein Gemenge aus Aluminiumoxyd und Magneteisenerz mit Hämatit, Quarz und verschiedenen Silikaten. Er bildet dichte Massen von dunkelgrauer bis schwarzer Farbe und findet sich ganz und lagerartig in Kalken, Glimmerschiefern und Chloritschiefern.

Die wichtigsten Schmirgellagerstätten befinden sich in Griechenland, Kleinasien und Nordamerika. Der bekannteste Schmirgel ist der griechische. Er wird auf der Insel Naxos zwischen den beiden Dörfern Wothri und Apiranthos gegraben. Diese Insel besteht aus einer sich häufig wiederholenden Wechsellagerung von kristallinen Schiefern und Marmoren. Die Schmirgellagerstätten treten in den drei mittleren Marmorlagern auf, und nach Entfernung von dem unterlagernden Granit unterscheidet man oberen, mittleren und unteren Schmirgel. Die Fundstätten zeigen meist lagerförmige Gestalt, doch finden sich auch Gänge, sowie isolierte Adern und Linsen. Die Mächtigkeit der Lager erreicht stellenweise 10 m, meist jedoch nur etwa 5—6 m.

Der in den Handel kommende Schmirgel wird aus den unteren Lagen gewonnen. Diese Lagerstätten enthalten grobkörnigeren dichteren Schmirgel, der auch weniger von Chloritoiden durchsetzt ist wie der Schmirgel in den beiden anderen Schichten.

Je nach der Art der Ausbildung und der Beimengung anderer Mineralien unterscheidet man eine Reihe von Abarten des Schmirgels, nämlich: körnigen, schiefrigen, gebänderten, Chloritoid-, Pyrit- usw. -schmirgel. Diese Verschiedenheit in der Zusammensetzung des Schmirgels spielt jedoch bei der Handelsware keine große Rolle, da die Menge der hauptsächlichsten Bestandteile immer nur in engen Grenzen schwankt.

Der größte Teil des in Griechenland gewonnenen Schmirgels geht ins Ausland. 1935 sind noch 12515 t zur Ausfuhr gekommen, davon 4060 t nach Deutschland.

Außer auf der Insel Naxos kommen noch auf einigen anderen Inseln des griechischen Archipels Schmirgellagerstätten vor, doch haben sie entweder nur geringe Bedeutung oder ihr Abbau wird von der griechischen Regierung, die das Vertriebsmonopol des Naxosschmirgels in Händen hat, nicht zugelassen, um die Ausnutzung der Naxoslagerstätten nicht zu gefährden.

Wie bereits erwähnt, wird auch in Kleinasien Schmirgel gegraben. Dieser Schmirgel besitzt im wesentlichen die gleichen Bestandteile wie der Naxosschmirgel, jedoch ist sein Gehalt an Al_2O_3 geringer. Naturgemäß sinkt dadurch auch der Wert dieses Schmirgels als Schleifmittel, da Schmirgel, der einen größeren Prozentsatz Aluminiumoxyd enthält, stets härter ist. Der kleinasiatische Schmirgel wird zum Unterschied von dem Naxosschmirgel als Levanteschmirgel bezeichnet.

Als drittes, Schmirgel produzierendes Land kommen die Vereinigten Staaten von Nordamerika in Frage. Bei Chester in Massachusetts, bei Peekskill im Staate New York und bei Whitless in Virginia sind bedeutende Schmirgellagerstätten vorhanden, doch gilt der amerikanische Schmirgel als minderwertig und findet meist nur im eigenen Lande Verwendung.

Die Gewinnung des Schmirgels geschieht teils im Tagebaubetrieb, teils aber auch durch unterirdischen Abbau. Wegen der großen Härte des Gesteins und der damit verbundenen schwierigen Bearbeitbarkeit wendet man auch noch heute beim Abbau das sogenannte Feuersetzen an. Wo auch dieses nicht zum Ziele führt, verwendet man aus besonders hartem Stahl gefertigte Bohrer, die mit Diamantspitzen arbeiten.

Der in mehr oder weniger großen Blöcken gebrochene Schmirgel geht, ehe er als Schleif- oder Polierrohstoff weitere Verwendung finden kann, einer gründlichen Zerkleinerung und Aufbereitung entgegen. Nachdem das Material meist an den Fundstellen durch Handsortierung einigermaßen ausgesucht worden ist, durchläuft es in den Schmirgelfabriken eine Reihe von schweren Brechern und Zerkleinerungsanlagen, durch die es zum Teil bis zu Staubfeinheit zermahlen wird. Eine Anzahl von Sieben mit bestimmten Maschenweiten trennt die einzelnen Korngrößen voneinander und sortiert sie so. Der bei der Zerkleinerung entstandene Staub fällt durch die feinsten Siebe, er kann dann abgeschlämmt werden und liefert das zum Polieren benutzte Schmirgelmehl.

Der so gewonnene gebrauchsfertige Schmirgel wird entweder lose oder in gebundener Form bei Schleif- und Poliermitteln verwendet. Die feinsten Körnungen dienen in weitem Umfange als Poliermittel für Metalle, Glas, Marmor usw. Auch wird ein großer Teil der feineren und mittleren Körnungen zur Herstellung von Schleifpapier und Schleifleinen, das hauptsächlich bei der Metall- und Holzbearbeitung Verwendung findet, benutzt.

Als Poliermittel muß er sehr sorgfältig geschlämmt und sehr fein gemahlen werden.

Silizium-Karbid.

Siliziumkarbid, das auch unter verschiedenen eingetragenen Warenzeichen, wie z. B. „Carborundum", bekannt ist, darf als das wertvollste hergestellte (künstliche) Schleifmittel betrachtet werden. Es wird heute außer in Nordamerika in Deutschland, Frankreich, Norwegen, Rußland, Schweden, der Schweiz und in der Tschechoslowakei erzeugt. Die Welterzeugung wird auf etwa 65000—70000 t jährlich geschätzt. Daran hat Nordamerika mit einer jährlichen Erzeugung von etwa 50000 t den größten Anteil. Die deutsche Erzeugung wurde aber in letzter Zeit sehr erhöht.

Acheson, der im Jahre 1891 das Siliziumkarbid erfunden hatte, hatte schon seit längerem an die Möglichkeit geglaubt, den Schleifstoff Schmirgel durch einen härteren Stoff zu ersetzen, und den Gedanken gehabt, hierzu den elektrischen Ofen zu benutzen, um eine Form von kristallisierter Kohle zu erzeugen, die einige der Eigenschaften des Diamanten besitzen und sich als Schleifmittel eignen sollte. Acheson erkannte, daß die Kohle das Härtungsmittel im Stahl ist und daß sie in ihrer Kristallform als Diamant die härteste bekannte Substanz war. Er entschloß sich daher, Versuche zu machen, Ton mit Kohle unter Einfluß elektrischer Hitze zusammenzuschmelzen.

Mit Recht betont der bekannte amerikanische Schleifmittelfachmann Dr. Frank J. Tone in seiner Arbeit über Acheson und seine Erfindung, daß die eingehende Verfolgung eines Versuches, den mancher als einen Fehlschlag erachtet hätte, zu einer bedeutsamen Erfindung geführt habe. Der kleine, eiserne Topf war die Wiege des Schleif- und Poliermittels und der Beginn einer Industrie, die heute eine Erzeugung von fast 70000 t jährlich erreicht hat.

Die kleinen, schillernden Kristalle wurden später als Siliziumkarbid festgestellt. Es war dies bis dahin eine unbekannte chemische Verbindung, dessen Molekül aus einem Atom Silizium und einem Atom Kohle besteht.

Siliziumkarbid bildet rhomboedrische Kristalle (Abb. 9), die durch Graphit und Siliziumverbindungen verschiedener Oxydationsstufen, welche in dünnen Schichten auf der Oberfläche der Kristalle lagern, schwarz, grün oder blau getönt sind. Sind die Kristalle frei von Verunreinigungen, so sind sie farblos und durchsichtig. In einem bestimmten Ausmaß kann man die Färbung des Siliziumkarbids durch Veränderung des Fertigungsganges beeinflussen.

Die große technische Bedeutung des Siliziumkarbids liegt vor allem in seiner hohen Härte; wenn man die heute als ungenügend geltende Mohssche Härteskala als Grundlage nimmt, so muß man das Siliziumkarbid zwischen Härte 9 und 10 einreihen. (Es neigt aber mehr nach Härte 10.)

Abb. 9. Silizium-Karbid-Kristalle.

Hinzu kommt noch, daß die Schleifkörner eine günstige Kristallisationsform haben, scharfe Ecken und Kanten besitzen, so daß man das Siliziumkarbid als ein ideales Schleif- und Poliermittel anzusprechen vermag. Es findet daher auch in ausgedehntem Umfang in der Schleif- und Poliermittelindustrie Verwendung.

Heute wird Siliziumkarbid durch die Reaktion von Kohle und Quarzsand in der sehr hohen Temperatur des elektrischen Ofens (Abb. 10) hergestellt, und zwar, wie bereits erwähnt, zum überwiegenden Teil in Nordamerika an den Niagarawasserfällen, weil dort der Strompreis überaus niedrig ist.

Auch in Deutschland werden bereits bedeutende Mengen erzeugt, die ausreichen dürften, den deutschen Bedarf zu decken.

Da die Rohstoffe für die Herstellung des Siliziumkarbids – Quarz (SiO_2) und Kohle bzw. Petrolkoks (C) — überall in guter, fast reiner Beschaffenheit vorhanden sind, kommt eine gleichmäßige gute Ware auf den Weltmarkt.

Das technische Verfahren zur Erzeugung von Siliziumkarbid im elektrischen Schmelzofen mit Kohleelektroden wurde von Acheson ausgearbeitet, der den Wert des Siliziumkarbids als Schleif- und Poliermittel sehr rasch erkannte.

Die heutige Schmelzofenform ist zum Teil noch nach seinen Vorschlägen aufgebaut. Man arbeitet mit Ofen zu 750 kW und 7 m Länge, 2,5 m Breite und 2 m Höhe, sowie mit Öfen zu 1500 kW, 12 m Länge, 4 m Breite und 3 m Höhe.

An Siliziumkristallen liefern nach einer Schmelzdauer von 36 Stunden

der 750-kW-Ofen etwa 3 t,
der 1500-kW-Ofen etwa 6,5 t.

Zur Herstellung von 1 t kristallisiertem Siliziumkarbid sind etwa 3,5 t feinkörniges Gemisch notwendig, das aus 1900 kg Quarz (55 %), 1200 kg (35 %) Petrolkoks, Hüttenkoks oder Anthrazit, 370 kg (8 %) Holzsägespänen und 60 kg (2 %) Kochsalz besteht. Der Stromverbrauch beträgt 8500 kWh. Während auf 1 kg Siliziumkristalle im 750-kW-Ofen ein Stromverbrauch von 8,5 kWh aufgewendet werden muß, sind im 1500-kW-Ofen nur 7,5 kWh notwendig. Mit Rücksicht auf die bessere Stromausbeute in größeren Öfen hat man auch

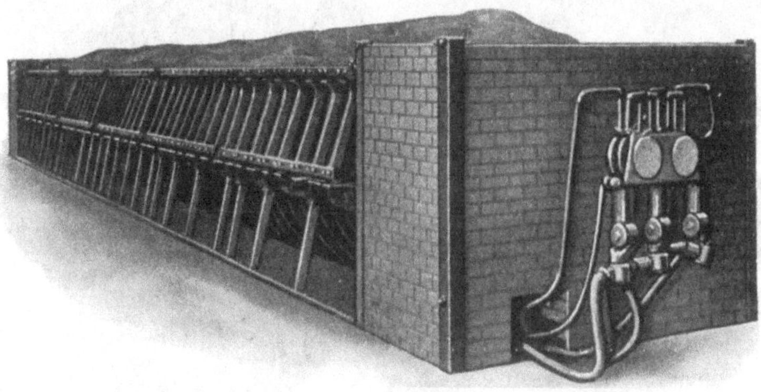

Abb. 10. Elektrischer Brennofen zur Herstellung von Silizium-Karbid.

schon Versuche mit 2000-kW-Öfen gemacht. Bei diesen Öfen ist aber nicht nur der Aufbau und die Betriebsführung schwierig, sondern es ist auch schwerer, ein gleichmäßiges Erzeugnis zu bekommen. Man hat deshalb bisher nur Versuchsanlagen aufgestellt.

Bei der Inbetriebsetzung der Öfen werden zunächst die beiden abtragbaren Seitenwände aus größeren Mauerwerksteilen aufgebaut, die aus hochhitzebeständigen Steinen ohne Mörtelzwischenlage, aber mit einer zusammenfassenden Eisenbereifung, hergestellt werden. Hierauf wird der Ofen bis an den oberen Rand der Kohleelektroden, welche in mehreren Stücken an den beiden Stirnwänden eingesetzt sind, mit der fertigen Mischung angefüllt und in der Längsrichtung zwischen den gegenüberliegenden Elektrodenpaketen ein 50—70 cm breiter und 25—40 cm tiefer Graben ausgehöhlt. In diesem Graben stampft man feinkörnigen Koks und zwischen die Elektroden und diesen Kokskern feines Kokspulver. Nunmehr schüttet man fertige Mischung über den Kokskern bis zum oberen Ofenrand. Der Ofen ist nun für die Schmelze fertig, und der elektrische Strom, der dann zwischen den beiden Elektrodenpaketen durch den Kokskern als Widerstand hindurchströmt, kann eingeschaltet werden. Man beginnt mit 220 Volt und geht allmählich, wenn mit steigender Ofentemperatur der elektrische Widerstand des Kokskernes abnimmt, auf 80—60 Volt herab, um die Stromstärke von etwa 6000 Ampère konstant halten zu können.

Bald nach dem Einschalten entweichen aus der Beschickung Schwelgase und Kohlenoxyd von den verbrennenden Sägespänen. Die entweichenden Gase werden angezündet. Das Kochsalz in der Mischung verdampft mit steigender Temperatur und bildet mit den schädlichen Eisenverunreinigungen der Mischung, vor allem des Quarzes, Chloridverbindungen, die gleichfalls verdampfen und entweichen. Die Mischung muß also gasdurchlässig sein; deshalb werden Sägespäne beigemischt.

Wenn beim Kokskern eine Temperatur von 1900—2000^0 vorhanden ist, so erfolgt die chemische Verbindung des Quarzes mit Kohlenstoff etwa nach der Umsetzungsgleichung SiO_2 (Quarz) + 3 C (Koks) = SiC (Siliziumkarbid) + 2 CO, und es bilden sich Siliziumkarbidkristalle. Weiter entfernt vom Kern bildet sich wegen der geringeren Temperatur von unter 1900^0 nur amorphes, graugrünes Siliziumkarbid und in der äußeren Schicht tritt keine Umänderung auf.

Bis genügend Mischung in Siliziumkarbid umgesetzt ist, vergehen 36 bis 38 Stunden. Dann wird abgeschaltet und der Ofen 20—24 Stunden abgekühlt. Nach dieser Zeit schafft man die Seitenwände des Ofens weg und entnimmt vorsichtig den Ofeninhalt. Die unveränderte Mischung wird wieder verwendet. Das amorphe Siliziumkarbid wird größtenteils zur Herstellung von hochfeuerfesten Ofensteinen aufbereitet, das wertvolle kristallisierte Siliziumkarbid wird mit hydraulischen Pressen gebrochen und auf Kollergängen gemahlen. Dann wird es mit Schwefelsäure und anschließend mit Natronlauge gewaschen, um Verunreinigungen wie Graphit, Silizium, Ferrosilizium und Aluminiumsilizium zu entfernen. Nach gründlichem Nachwaschen mit Wasser wird die Siliziumkarbid-Ware getrocknet, über magnetische Eisenabscheider geleitet und durch Sieben in Körner von 4 bis 0,01 mm Größe getrennt.

Schlämmkreide.

Schlämmkreide ist ein weißer oder hellgrauer, feinerdiger Kalkstein, der aus den Panzern mikroskopisch kleiner Lebewesen (Kokkolithen und Foraminiferen) besteht. Der aus der offenen Grube geförderte Kreidestein wird in großen Haufen aufgeschichtet und der Einwirkung der Witterung ausgesetzt. Der ziemlich feste Stein zerfällt durch wiederholtes Beregnen und Trocknen, Gefrieren und Auftauen zu einem lockeren Haufenwerk. Dieses wird in ausgegrabener und ausgemauerter Schlämmgrube eingeführt und unter Zuführung von viel Wasser durch eine rechenartige Rührvorrichtung so lange durchmengt, bis dünnflüssiger Brei daraus geworden ist. Die schweren Beimengungen, vor allem Sand, werden aus diesem Brei ausgeschlämmt. In Absatzbecken werden die feinen Bestandteile niedergeschlagen und das darüber stehende Wasser allmählich abgelassen. Der aus dem Absatzbecken herausgeschaufelte Kreideschlamm wird dann auf Trockengerüste verteilt und unter gedeckten, seitlich offenen Schuppen vollkommen luftgetrocknet. Die so erhaltene Schlämmkreide bildet eine weiche und mürbe Masse. Feinste Schlämmkreide wird noch gemahlen. Mit Spiritus oder Salmiak angefeuchtet dient die Schlämmkreide zum Polieren bzw. Putzen von Silber, Messing, Stahl usw. Auch bildet sie einen Hauptbestandteil der im Handel vorkommenden Putzpulver.

Für Polierzwecke am geeignetsten ist Kieselkreide, die in verschiedenen Schärfen auf den Markt kommt, wie z. B. das sogenannte „Neuburger Weiß" oder die Neuburger Kieselkreide, die in der näheren Umgebung von Neuburg an der Donau vorkommt. Sie zeichnet sich durch ihr geringes Gewicht und ihre rein-weiße Farbe aus.

Schwerspat (Baryt).

Schwerspat (Baryt) ist der Zusammensetzung nach Bariumsulfat ($BaSO_4$). Er findet sich kristallisiert und derb in der Natur sehr verbreitet und ist hart und spröde, durchscheinend bis undurchsichtig, weiß oder durch Beimengungen gelb, rötlich oder grau. Sein spezifisches Gewicht ist 4,3 bis 4,6, seine Härte 3,5. Er dient u. a. zur Herstellung von Poliermitteln; um ihn für Polierzwecke brauchbar zu machen, wird er sehr fein gemahlen und geschlämmt.

Stahlwolle.

Stahlwolle wird auf eigens dafür gebauten Maschinen aus einem Sonderstahl hergestellt. Das Erzeugnis besteht aus langen, zähen Fasern, die sehr geschmeidig sind und nicht brechen und als Schleif- oder Poliermittel Verwendung finden.

Der Querschnitt der einzelnen Stahlwollefasern ist rechteckig und bewegt sich je nach den 8 einzelnen Feinheitsgraden (Nr. 5, 4, 3, 2, 1, 0, 00, 000),

000 00 0 1 2 3 4 5

Abb. 11. Stahlwolle.

Abb. 11, in den Abmessungen von 0,40 : 0,15 mm bis 0,10 : 0,04 mm. Eine gute Stahlwolle muß aus parallelen, gleichmäßig gelagerten Fasern bestehen und darf nicht gekräuselt sein.

Bei der Stahlwolle handelt es sich nicht etwa um ein Abfallerzeugnis, wie vielfach noch geglaubt wird, sondern um ein aus edelsten Rohstoffen hergestelltes Sondererzeugnis. Die Herstellung geschieht so, daß aus Stahldrähten feine, langfaserige bzw. endlose Stahlfäden hergestellt werden, die so fein wie Seide sind und die, zu einem Strang zusammengefügt, die Poliermasse Stahlwolle ergeben. Die Feinheit der einzelnen Wollefäden steigert bzw. vermindert sich um Bruchteile von Millimetern je nachdem, ob man eine gröbere Stahlwolle zum Abschleifen alter Farb- und Lackanstriche oder eine feinere und feinste zum Polieren von geschliffenen Flächen und Metallen herstellen will.

Die so erzeugten Feinheitsgrade entsprechen ungefähr den Unterschieden im Bimsstein und Sandpapier wie folgt:

Nr. 000 und Nr. 00 = Bimsstein,
Nr. 0 = Bimsstein oder feinstes Sandpapier,
Nr. 1 = Sandpapier Nr. 0,
Nr. 2 = Sandpapier Nr. 1/2,
Nr. 3 = Sandpapier Nr. 1.

Talkum.

Das Talkum ist ein sekundäres Mineral, das aus der Umwandlung anderer Magnesiasilikate entstanden ist. Als Talkum im engeren Sinne kommt es in blättrigen, schuppigen, auch stengligen Aggregaten vor.

Ausgedehnte Verwendung findet das Talkum als Poliermittel für weiche und empfindliche Stoffe, wie Alabaster, Marmor, galvanische Niederschläge usw. und als Zusatz zu Glanzpasten.

Sein spezifisches Gewicht ist 2,6—2,8.

Tripel.

Tripel bildet sehr dünnblättrige, meist hellgefärbte, viel Kieselerde enthaltende zerreibliche Massen, die begierig Flüssigkeiten aufsaugen und im Wasser zu einem äußerst feinen Pulver zergehen, ohne schmierig zu werden. Hierauf ist auch die außerordentlich gute Eignung zum Polieren von Metall zurückzuführen.

Gewonnen wurde der Tripel, der seinen Namen nach dem Ort Tripolis hat, von dem er früher meistens eingeführt wurde, besonders in Böhmen, und zwar in Kutschlin bei Bilin. Er findet sich aber auch noch in der Gegend von Leitmeritz, in Sachsen, in Italien und Sizilien, wo er häufig zusammen mit Kieselgur vorkommt und außerdem Beimischungen von Aluminium- und Eisenoxyden aufweist.

Bei der Aufbereitung wird der Tripel gemahlen und geschlämmt. Im Handel erscheint er unter verschiedenen Namen wie Goldtripel, Silbertripel, weißer, grauer, gelber und roter Tripel. Diese Bezeichnungen sind jedoch rein willkürlich und beziehen sich lediglich auf die nach der Herkunft verschiedenen Farben, ohne für den Wert des Stoffes maßgebend zu sein.

In den letzten Jahren ist allerdings in Deutschland die Verwendung des eigentlichen, natürlichen Tripels als Poliermittel zurückgegangen. In den vorher genannten Fundstätten soll zum Teil die Gewinnung eingestellt sein.

Was man heute vielfach unter der Bezeichnung Tripel als Poliermittel verwendet, sind sehr verschiedenartige Stoffe, die aus mehr oder weniger chemisch reiner, wasserfreier Kieselsäure bestehen. Sie besitzen entweder von Natur aus mehlfeine Beschaffenheit oder werden durch einen Mahlprozeß darin übergeführt. Das sogenannte „Neuburger" Kieselweiß, der Flintstein von Amberg (der sogenannte Amberger Tripel) werden wie auch verschiedene andere aus Quarzsanden und Kristallquarz hergestellte Mineralmehle an Stelle des natürlichen Tripels bevorzugt, weil sie genau so gut sein sollen, jedoch billiger hergestellt werden können.

Einer der bekanntesten Tripel ist der rote amerikanische Tripel, welcher sich besonders zum Vorschleifen und Vorpolieren von Metallen eignet.

Wiener Kalk.

Der größte Teil des als Polierkalk in den Handel kommenden „Wiener Kalkes" besteht aus gebranntem Dolomit, der wie Kalkstein größtenteils aus Kaliziumkarbonat besteht, außerdem aber noch ziemlich viel Magnesiakarbonat enthält.

Der Dolomitstein ebenso wie der Kalkstein verliert durch starkes Erhitzen den Gehalt an Kohlensäure. Er wird nach dem Brennen gemahlen und gibt dann ein sehr feines und weiches Poliermittel.

Auch Kalkstein, sofern er keine harten Bestandteile wie Kieselsäure enthält, kann in fein gemahlenem Zustande als Polier- und Putzmittel verwendet werden, in erster Linie für Silber, Messing, Neusilber wie auch zum Polieren von feinsten Stahlgegenständen. Weiße Metalle, wie Nickel, erhalten beim Polieren durch Verwendung von Wiener Kalk einen schönen weißen Glanz.

Meist gelangt der Wiener Kalk mit Öl (Stearinöl) zur Anwendung. Bei Verwendung als Poliermittel bei Stahl- und Eisengegenständen wird er mit Spiritus angefeuchtet.

Zinkweiß (Zinkoxyd) ZnO.

Zinkoxyd stellt man durch Verbrennen von Zink an der Luft oder aber direkt aus Erzen durch Rösten derselben her, auch als Nebenprodukt bei der Gewinnung von Ag nach dem Perkes-Prozeß wird Zinkweiß erhalten, wie auch nach anderen Verfahren.

Zinnasche (Zinnoxyd).

Zinnasche erhält man beim Erhitzen bzw. Schmelzen des Zinns, das sich erst mit einer grauen Haut, der Zinnkrätze, und schließlich mit der gelblich-weißen Zinnasche bedeckt. Die Zinnasche bester Güte enthält 85—90% Zinnoxyd, der Rest ist Bleioxyd.

Als Poliermittel findet die Zinnasche für Metallwaren und Glaswaren Verwendung.

Die an das Polierkorn zu stellenden Anforderungen.

Das von dem Polierer benötigte Polierkorn muß von einer Lieferung zur anderen stets gleichmäßig in der Körnung sein. Vor allem darf es keine groben, übergroßen Teile enthalten, weil dieselben tiefe Kratzer im Polierprozeß hervorrufen, andererseits dürfen auch keine zu großen Mengen zu feinen Stoffes vorhanden sein, weil dadurch die Polierarbeit verlangsamt würde. Absolut gleichmäßige Körnung ist daher erstes Erfordernis. Das Sieben des Materials muß deshalb mit größter Sorgfalt geschehen, und es müssen häufig Nachprüfungen vorgenommen werden.

Die Form des Kornes übt auf seine Polierfähigkeit einen großen Einfluß aus. Das im elektrischen Ofen erzeugte Schleif- bzw. Polierkorn zeigt, wenn es zerkleinert ist, einen gewissen Prozentsatz ganz flache und dünne Plättchen und die sogenannten „Abspaltungen", die lang und schmal sind. Diese dünnen Plättchen sind von geringem oder gar keinem Wert auf der Polierscheibe. Es ist deshalb erforderlich, sie durch zweckmäßige Zerkleinerung aus dem Polierstoff auszuscheiden, so daß ein Material entsteht, das die richtige Form hat und frei von unbrauchbaren Teilchen ist, mithin gute Arbeit leisten kann (Abb. 12 und 13). Gleichmäßigkeit in der Stärke des Polierstoffes beruht aber nicht nur auf der gleichmäßigen Form der einzelnen Teilchen in einer bestimmten Kör-

Abb. 12. Vor.

Abb. 13. Nach.

Polierkorn vor und nach der zweckmäßigen Zerkleinerung, um ganz flache Teile und Splitter zu entfernen.

nung. Es ist vielmehr auch eine chemische und physikalische Kontrolle der Rohstoffe und des elektrischen Ofens, in dem der aluminiumhaltige Schleif- und Polierstoff erzeugt wird, notwendig, wie auch die sorgfältige Auswahl des Bauxits, sorgfältige und genaue Mischung nach den häufiger zu machenden Analysen des verlangten Erzeugnisses des elektrischen Ofens. Hierdurch wird eine gleichmäßige und kontrollierbare Zähigkeit erreicht, was gleichmäßige Stärke des Korns bedeutet.

Die Carborundum-Gesellschaft behandelt zum Beispiel das unter dem geschützten Wortzeichen Aloxite auf den Markt kommende Material durch ein besonderes Verfahren und erhält dann das in Abb. 15 gezeigte Aloxite-TP-Erzeugnis. Die glasartige und glatte Oberfläche der einzelnen Partikelchen in Abb. 14 wurde durch ein bestimmtes Verfahren gewissermaßen geätzt, wie aus der Abb. 15 ersichtlich ist.

Diese geätzte Oberfläche hält mit einer solchen Zähigkeit an dem getrockneten Leim auf der hergestellten Polierscheibe fest, wie man es früher nicht gekannt hat. Diese besondere Eigenschaft des zähen Festhaltens des Polierkornes am getrockneten Leim nannten die Amerikaner „Surface Tenacity“ = Oberflächenzähigkeit. Es bedeutet dies einen ziemlichen Fortschritt im Polierprozeß; denn es wurde nicht nur Leim und Polierkorn gespart, sondern die so hergestellte Polierscheibe hat auch eine viel längere Lebensdauer. Der Polierbelag läßt sich

Abb. 14. Unbehandeltes Elektro-Korund-Polierkorn.

Abb. 15. Elektro-Korund-Polierkorn nach der Behandlung.

viel leichter aufbringen, und es wurde verhindert, daß das Korn von der Polierscheibe abfällt. Die Carborundum-Gesellschaft erfand neue Prüfverfahren, um diese Eigenschaft zu kontrollieren.

Die Eigenschaft dieser Oberflächenzähigkeit änderte die ganze Struktur am Umfange der Polierscheibe. Die wirksame Kraft zwischen dem Leim und der Oberfläche der Körner ist so, daß ein richtiges Verhältnis vom Leim zum Poliermittel entsteht, das Polierkorn wird sicher festgehalten und ergibt den sogenannten offenen Belag (Abb. 16). Dies bedeutet, daß bestimmte Zwischenräume zwischen den Polierkörnern vorhanden sind, daß sich die Scheibe nicht

Abb. 16. Offener Belag des Polierkornes aus Elektrokorund.

so mit abgeschliffenem Material zusetzt, daß das Abdrehen nicht so häufig vorgenommen werden braucht und daher eine längere Lebensdauer der Polierscheibe gewährleistet ist. In anderen Worten: weniger Polierkorn leistet mehr Arbeit.

Bei der Herstellung eines erschmolzenen Aluminiumoxyds von größter Leistungsfähigkeit muß darauf geachtet werden, daß nicht ein Erzeugnis erzielt

Abb. 17.
Nach besonderem Verfahren behandeltes Polierkorn aus Elektrokorund, Körnung 36 (vergrößert), das die winkeligen Eigenschaften der einzelnen Körner zeigt.

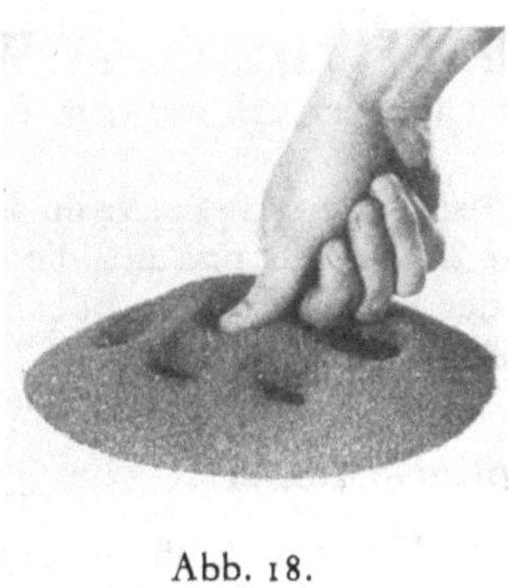

Abb. 18.
Die Daumenprobe.

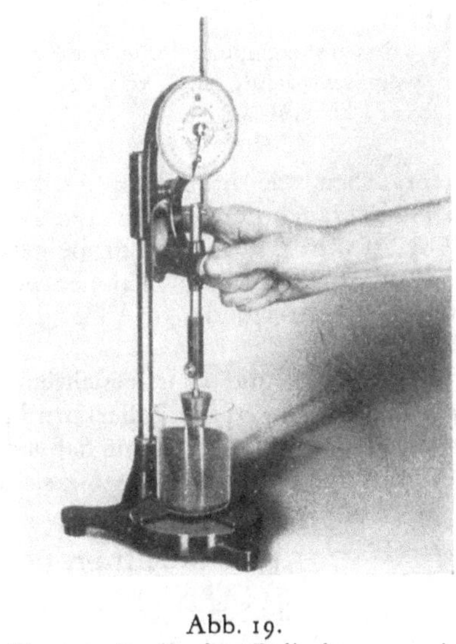

Abb. 19.
Untersuchung des Polierkornes mit dem Penetrometer.

wird, das kugelförmig wie Stahlsand ist. Unregelmäßigkeit der Form und Winkeligkeit sind wesentlich für ein leistungsfähiges Schleif- und Poliermittel. Aus Abb. 17 ist die geeignete Form des Polierkornes ersichtlich.

Beim Schwabbeln, das in vielen Fällen nach dem Polieren folgt, sollte das Polierpulver weniger scharf und weicher als das elektrisch erschmolzene Aluminiumoxyd, das für Polierscheiben gebraucht wird, sein. Um eine entsprechende Mengenherstellung zu erzielen, sind scharfe Kanten beim Polieren notwendig.

Das beste Poliermittel zum Aufbringen auf Holz- oder Lederscheiben ist dasjenige, das nicht glatt und schlüpfrig ist und weggleitet, wenn die Scheibe in den Polierstoff eingerollt wird. Die schon erwähnte Gesellschaft stellte dies fest und fand auch heraus, daß die dünnen Plättchen des Poliermaterials gleiten und abrutschen, sich der Oberfläche der Scheibe nicht anpassen, viel längere

Abb. 20. Das unbehandelte Polierkorn rutscht weg und häuft sich vor der Scheibe an.

Abb. 21. Das einer Sonderbehandlung unterzogene Polierkorn „TP" hält an der Scheibe und rutscht nicht zur Seite.

Zeit gebrauchen, ehe sie am Leim festhaften, nur eine schwache Bindung geben und beim Gebrauch der Scheibe zum Teil abfallen.

In Abb. 18 wird die Daumenprobe gezeigt. Das am besten geeignete Polierkorn bleibt, wenn mit dem Daumen eingedrückt, so stehen, wie es die Abbildung zeigt oder wie der in Abb. 19 dargestellte Versuch mit dem Penetrometer zeigt.

Aus den Abb. 20 und 21 ist ersichtlich, daß sich in der Praxis beim Belegen der Scheiben ein Kissen aus Polierkorn in dem Trog bildet und sich die Körner fest in den Leim einpressen, ohne daß sie an der Seite abrutschen oder vor der Scheibe anhäufen, wie aus Abb. 20 ersichtlich.

Das Beleimen der Polierscheibe.

Das Aufleimen des Schmirgels auf die Leder-, Filz- oder Stoffscheibe scheint eine ganz einfache Arbeit zu sein. Es ist aber doch erforderlich, einiges dazu zu sagen und auf das beste und praktische Verfahren hinzuweisen.

Über den wichtigsten Teil, das Polierkorn, noch weiteres zu sagen, erübrigt sich. Ein in gleicher Weise wichtiger Teil ist aber der Leim. Die Leimhersteller haben in den letzten Jahren die Güte des Hautleims sehr verbessert.

Welches Material der Polierer verwenden soll, hängt von der Art des zu polierenden Gegenstandes, der Grobheit der Korngröße, der gewünschten Fertigpolitur usw. ab. Es kann am besten in Zusammenarbeit mit den Herstellern der verschiedenen Arten von Polierscheiben festgelegt werden.

Die Wahl der Körnung.

Die Bestimmung der geeigneten Größe des Polierkorns für eine bestimmte Arbeit hängt von der zur Benutzung gelangenden Einrichtung, der Art der Arbeit, der Fertigpolitur, die erzielt werden soll und der zu erreichenden Herstellungsmenge ab; alles dies macht ein eingehendes Studium durch einen Schleif- oder Polierfachmann notwendig, der mit der Wirkung der im elektrischen Ofen hergestellten Schleif- und Poliermittel vertraut ist.

Für eine bestimmte Arbeit verwendet die eine Firma Korn Nr. 24, die andere vielleicht Korn Nr. 30 und eine dritte sogar Korn Nr. 36. Eine Zusammenarbeit des Polierers mit dem Hersteller der Schleif- und Polierrohstoffe hat schon öfters dazu geführt, daß eine feinere Kornnummer auf Grund der einzigartigen Eigenschaften eines besonderen Schleifmittels Verwendung finden konnte. In solchen Fällen hat man die feinere Körnung auch beibehalten, und bei einigen Arbeiten erwies sich der zweite Arbeitsgang mit einer feineren Körnung als unnötig.

Die Herstellung der Leimlösung.

Der gemahlene Leim sollte zweckmäßig ausgewogen werden; wenn er nämlich nach dem Volumen genommen wird, so weicht er je nach der Feinheit der Mahlung ab. Eine bestimmte Menge kaltes Wasser, etwas weniger als nötig ist, um die schließlich benötigte Konsistenz zu erlangen, wird hinzugefügt; der Leim muß dann mehrere Stunden weichen. Zweckmäßig richtet man es so ein, daß dies Einweichen über Nacht geschieht. Ein für den Bedarf von mehreren Stunden genügender Teil aufgeweichten Leims wird dann entweder im Wasserbad oder in einem elektrisch kontrollierten Trockenbad auf 60—65° C erhitzt, wodurch er schnell in Lösung übergeht. Warmes Wasser wird, um die benötigte Konsistenz zu erreichen, hinzugefügt.

Leim, der nicht vorher eingeweicht wird, geht sehr langsam in Lösung über, woraus Verzögerungen entstehen und oft fadiger Leim entsteht. Leim, der den ganzen Tag lang warm gehalten wird, verliert an Stärke, daher die obige Vorsichtsmaßregel.

Die Temperatur des Bades von 60—65° C sollte selbsttätig kontrolliert werden, um Überhitzung zu verhindern, weil dadurch der Leim zerstört und verursacht wird, daß er die Hälfte und mehr seiner Wirksamkeit verliert. Eine selbsttätige Kontrolle ist deshalb notwendig, weil die Zeit des Polierers zu kostbar, die Temperaturüberwachung aber unbedingt erforderlich ist.

Am Ende der Tagesarbeit sollte die Bürste und der Leimtopf mit heißem Wasser ausgespült werden, um den alten Leim und Anhäufung von Bakterien zu beseitigen. Der Leimtopf für grobes Korn sollte getrennt von dem, der für feines Korn verwendet wird, gehalten werden, um zu verhindern, daß beide vermischt werden.

Das richtige Verhältnis zwischen Leim und Poliermittel muß durch Versuche und auf Grund von Erfahrungen festgelegt werden, und man sollte dann auch unter allen Umständen daran festhalten. Es ist verständlich, daß eine Änderung in der Art des Leims notwendigerweise eine Änderung der Konzentration herbeiführt.

Die Praxis hat erwiesen, daß das folgende Gewichtsverhältnis zwischen Leim und Wasser das beste ist:

Für schwere Arbeit, wo die Schwabbelscheibe mit scharfen Ecken und groben Kanten in Berührung kommt und wo Körnungen von 24—36 verwendet werden:

1 Teil Wasser zu 1 Teil Leim.

Für leichtere Arbeit (glatte Flächen, runde Ecken usw.), wo Körnungen von 24—36 verwendet werden:

5 Teile Wasser zu 1 Teil Leim.

Für ähnliche Arbeiten, bei denen Körnungen von 36—50 gebraucht werden:

5 Teile Wasser zu 4 Teilen Leim.

Für ähnliche Arbeiten, wo Körnungen von 60—80 und feiner verwendet werden:

5 Teile Wasser zu $3^1/_2$ Teilen Leim

oder

5 Teile Wasser zu $2^1/_2$ Teilen Leim.

Das Aufleimen.

Wenn es sich um neue Polierscheiben handelt, wird die Scheibe auf einer Drehbank abgedreht und die Scheibe mit einem Pfeil versehen, um die Richtung anzugeben, in der sie laufen soll. Die Scheibe wird dann mit einer dünnen Schicht Leim grundiert, der Leim wird mit einem Haarpinsel aufgetragen. Die Seiten der Scheibe sollten auch geleimt werden, um später beim Polieren ein Eindringen von Fett und Öl zu vermeiden. Hierauf wird eine Leimschicht und ein feines Korn wie etwa Nr. 120 oder 150 aufgetragen. Nach dem Trocknen ist die Scheibe dann fertig für den endgültigen Polierkornbelag.

Bei gebrauchten Scheiben, die Risse haben oder stark mit Fett oder Öl bedeckt sind, wird der Kranz im heißen Wasser vollständig abgeweicht. Ist die unterste Schicht abgenutzt, so sollte die Scheibe mit einer neuen dünnen Leim-Kornschicht feinster Körnung versehen werden. Man kann aber die Polierscheibe auch mit einem Rutscher aus Siliziumkarbid abdrehen. Leichte Verschmutzung mit Öl oder Schmutz auf der Stirnseite der Scheibe sollte mit Benzin vollständig entfernt und gründlich getrocknet werden. Die Scheibe ist dann für den endgültigen Belag fertig.

Die Scheiben werden nunmehr in einem Trockenofen auf 50° C erwärmt, um das Erkalten des Leims zu verhindern. Mit einem Pinsel, etwa in der Breite der Scheibe, wird nun aus dem Leimtopf eine reichliche Menge Leim aufgetragen, und zwar so, daß mit jedem Pinselstrich stets die gleiche Menge aufgetragen wird. Dies erfordert eine ziemliche Geschicklichkeit, bestimmt aber die Gleichmäßigkeit des Belages, wenn die letzte Auftragung vorgenommen wird. Diese Arbeit muß sehr schnell vor sich gehen, damit der Leim nicht dick wird.

Das Polierkorn, das sich in einem auf 50° C erhitzten Trog befindet, wird dann aufgetragen, indem die geleimte Stirnseite der Scheibe in dem Trog gerollt wird, wie aus Abb. 21 ersichtlich. Dies wird mit der Hand getan, und zwar unter leichtem Druck; es gibt aber auch jetzt Maschinen dafür, bei denen der Druck geregelt ist. Um festzustellen, ob ein genügendes Einrollen stattgefunden hat, kann man die Scheibe auf einer harten ebenen Fläche rollen. Wenn Leim an die Oberfläche kommt, so muß das Einrollen fortgesetzt werden.

Polierkorn, das die richtige Haftfähigkeit besitzt, haftet schnell an der Stirnseite der Scheibe, und ein Rollen auf der harten Fläche erübrigt sich in diesem Falle.

Wenn ein zweiter Belag aufgebracht wird, wird der gleiche Vorgang wiederholt, nachdem der erste Belag teilweise getrocknet ist.

Nach dem Trocknen wird die Polierscheibe sorgfältig mit Hilfe von Blei ausgewuchtet. Es ist dies eine sehr wichtige Arbeit zur Erreichung einer guten Polierwirkung der Scheibe, damit das Schlagen der Scheibe und ein ungleichmäßiges Polieren vermieden werden. Eine solche Scheibe ist aber erst arbeitsfertig, wenn sie nach dem Auswuchten in kreisendem Zustande mit einem Flachstahlstab etwas abgestumpft worden ist.

Der Arbeitsraum.

Die neue Polierscheibe mit frischem Leim und Polierkorn am Umfang muß getrocknet werden und mit kontrollierbaren künstlichen Mitteln zur Beschleunigung der Herstellung und Entwicklung der höchsten Stärke des Leims

Abb. 22. Ein zeitgemäßer Arbeitsraum zur Herstellung des Polierbelags auf den Polierscheiben.

weiterbehandelt werden. Hierzu ist ein besonderer Arbeitsraum erforderlich, in dem die Feuchtigkeitsmenge geregelt wird. Es ist verständlich, daß, wenn sich in dem Raum eine größere Anzahl frisch hergestellter Scheiben befindet, der Feuchtigkeitsgrad der Luft hoch ist und die Trocknung langsam vor sich geht, es sei denn, daß Schritte unternommen werden, um die Feuchtigkeit zu entfernen. Es ist außerdem unmöglich, bei einer hohen Feuchtigkeit und einer niedrigen Temperatur eine gute, brauchbare Scheibe zu erhalten. In diesem Falle bleibt nämlich der Leim in einem teilweise gallertartigen Zustande, trocknet aber nicht völlig aus.

Ist die Wärme im Arbeitsraum aber hoch und die Feuchtigkeitsmenge gering, so wird die Scheibe sehr schnell fertig und ist gut brauchbar. Um dies zu erreichen, braucht man eine Wärmequelle und ein Verfahren für einen schnellen Luftumlauf und Lüftung.

Abb. 23. Eine zeitgemäße Polierstelle.

Im allgemeinen ist ein Wärmegrad von etwa 27—28° C und eine relative Feuchtigkeit von etwa 50% am zweckmäßigsten. Wird über diese Temperatur hinausgegangen, so besteht die Gefahr, daß der Leim dadurch knochenhart und unbrauchbar wird. Unter diesen Umständen werden 24 Stunden zum Trocknen und völligen Herstellen der Scheibe benötigt.

In enger Beziehung zur Temperatur und relativen Feuchtigkeit steht der Luftumlauf im Arbeitsraum. Dies wurde häufig nicht beachtet; wenn dies geschehen wäre, würde die Herstellungszeit in den Polierräumen verkürzt worden sein, wo man seine Zuflucht zur Wärmeerhöhung genommen hatte.

In den meisten Fällen ist der Luftumlauf zu niedrig, und eine Erhöhung desselben bewirkt Wunder. Mit einem Umlauf von etwa 210 cbm in der Minute hat man das Richtige getroffen. Man muß also auf den genügend hohen Luftumlauf achten. Um frische Luft hereinzulassen, kann man, wenn nötig, die Türen zum Arbeitsraum teilweise geöffnet halten. Eine kleine Öffnung am oberen Ende einer Ecke des Arbeitsraumes gestattet den Abzug der mit Feuchtigkeit gesättigten Luft.

Wenn also der Scheibenhersteller dem Luftumlauf die nötige Aufmerksamkeit schenkt und Einrichtungen schafft, um die Temperatur unter 27—28° C zu halten wie auch die Bedingung für eine niedrige Feuchtigkeit (rund 50%) vorsieht, wird er eine in jeder Beziehung tadellose Scheibe erhalten. Damit man stets weiß, welcher Sättigungsgrad im Arbeitsraum vorhanden ist, ist erforderlich, einen schreibenden Psychrometer anzubringen. Dieser schreibt die Temperatur wie auch die relative Feuchtigkeit auf, so daß also zu hohe Temperaturen oder ein fehlender Luftumlauf vermieden werden können.

Wenn richtig gearbeitet wird, kann man mit gutem Polierkorn und gutem Leim auch eine gute Erzeugung der Polierscheiben erzielen. Es ist gar nicht so selten, daß man die Schuld an einem Rückgang der Erzeugung sowohl der Qualität wie der Menge dem Poliermittel oder dem Leim zuschreibt, während in Wirklichkeit die Schuld an der unrichtigen und unsachgemäßen Behandlung der Scheibe während der Anfertigung liegt.

In Abb. 23 wird eine zeitgemäße Polierstelle gezeigt.

Die Herstellung von Polierpasten.

Polierpasten bestehen aus einer Mischung von Fetten mit Poliermitteln wie Schmirgel, Bimsstein, Tripel, Polierrot, Wiener Kalk usw.

Es ist verständlich, daß das Bindemittel in der Polierpaste den Erfolg des Poliervorganges in großem Umfange beeinflußt. Es ist deshalb unbedingt erforderlich, daß die Bindemittel bei Herstellung von Polierpasten großen Ansprüchen genügen. Die jeweiligen Bindemittel — es kommt eine große Anzahl von pflanzlichen, tierischen und mineralischen Ölen, Fetten und Wachsen zur Verwendung — müssen so beschaffen sein, daß die damit hergestellte Paste hart und zäh wird, damit sie bei gewöhnlichen Temperaturen nicht zerkrümelt. Um übermäßigen Verbrauch zu vermeiden, ist es auch erforderlich, daß der Schmelzpunkt der Polierpaste so hoch ist, daß die Paste beim leichten Andrücken an die Polierscheibe nur in der Berührungszone schmilzt, jedoch nicht weiter. Auch muß sie an der Scheibe gut haften.

Die Herstellung einer guten, brauchbaren Fettbindung hängt von der Regelung der Härte und Festigkeit der Komposition, des Temperaturbereiches zwischen Schmelz- und Verdampfungspunkt und des Verseifungsgrades ab. Die Menge der Polierkörner, welche die Poliermasse aufzunehmen in der Lage ist, bestimmt die Härte oder Festigkeit des Poliermittels. Von außerordentlicher Wichtigkeit ist die Regelung des Temperaturbereiches zwischen Schmelz- und Verdampfungspunkt; denn das Poliermittel haftet nur so lange an der Polierscheibe, wie Bindungsfett vorhanden ist. Natürlich müssen Fettbindemasse und Poliermittel innig und gleichmäßig miteinander vermengt werden, damit die Poliermasse und mithin auch die Polierwirkung eine vollkommen gleichmäßige ist.

Solange die Schleifkörner ihre Schneidfähigkeit behalten, aber nicht länger, muß die Poliermasse an dem Träger der Polierscheibe anhaften. Die Menge der Anzahl der gelösten Körner bestimmen die Schnittgeschwindigkeit. Die Scheibe muß verschmieren oder sich verstopfen und in ihrer Schneidwirkung nachlassen, wenn die Polierkörner an der Scheibe haften, nachdem sie ihre Schabe- oder Schnittfähigkeit verloren haben. Die Polierkomposition soll so auf die Scheibe aufgetragen werden, daß die Polierkörner die Polierwirkung ausüben, und nicht die Scheibe. Bei Verwendung eines weniger geeigneten Fettbindemittels, das schnell verdampft, kann es zu einem Versagen der Polierwirkung kommen, weil die Polierkörner ihres Bindemittels beraubt werden und die Scheibe sich schnell abnutzt. Ferner ist noch die Bedingung zu stellen, daß sich das auf dem polierten Gegenstand anhaftende und zurückbleibende Fett mit den üblichen Lösungsmitteln leicht entfernen läßt.

Ferner muß auch eine gute Schmierfähigkeit vorhanden sein, damit eine übermäßige Erwärmung der Polierscheibe und des Werkstückes vermieden wird. Keineswegs darf die Polierpaste die Oberfläche der Polierscheibe glasieren oder mit einem teerartigen Überzug versehen. Im Gebrauch sind am meisten vierkantige oder runde längliche Stücke Polierpaste.

Das Binden einer Schwabbelpaste ist keineswegs eine leichte Arbeit. Denn wie es keine Polier- oder Schleifscheibe gibt, mit der man alle Polier- oder Schleifarbeiten gleichmäßig gut ausführen kann, so müssen auch die Bestandteile der Paste je nach der Arbeit, für die sie verwendet werden soll, ausgewählt werden. Von gleich großer Wichtigkeit ist die richtige Wahl des Fettbindemittels für die ausgewählten Polierpulver oder die Mischungen der Polierpulver. Dieses Bindemittel muß sofort in der Alkalireinigungslösung emulsieren oder verseifen, sonst wird zum Beispiel beim Chromprozeß das zu plattierende Stück in der Plattierungsarbeit nicht gut plattiert. Der Schmelzpunkt muß ein solcher sein, daß das Material an der Schwabbelscheibe sofort nach Auftragung haftet, und die Oberfläche des Werkstückes einen ölartigen Überzug erhält, während gleichzeitig genügend Kohäsion vorhanden sein muß, damit durch die Zentrifugalkraft das Material nicht von der Polierscheibe abgeschleudert wird.

Gewöhnlich stellt das Bindemittel 15—20 % der Paste dar und besteht im allgemeinen aus zwei oder mehreren Stoffen, wie sie nachstehend aufgeführt werden:

Stearinsäure	= hauptsächlichster Teil für die Bindung;
Japanisches Wachs	= für die Kohäsion;
Rohpetroleum	= zur Hinzufügung von Fettigkeit und Schmierung;
Vaseline	= zur Hinzufügung von Fettigkeit und als Erweichungsmittel;
Talg	= als Schmierungs- und Erweichungsmittel;
Bienenwachs	= für die Härte-, Schmierungs- und Bindeeigenschaften;
Carnaubawachs	= für Härtung;
Zeresin	= für Härtung und als Bienenwachsersatz;
Paraffin	= für Härtung und als Verbilliger.
Montanwachs	= als Bindemittel.

Einige dieser Stoffe müssen in sehr geringen Mengen gebraucht werden, weil sie keine Verseifungseigenschaften besitzen. Die Stearinsäure ist bei der Herstellung von Polierpasten, wie schon gesagt, der hauptsächlichste Bestandteil der Bindung.

Sie ist eine blendend weiße, durchsichtige, kristallinische, zur Gruppe der Fettsäuren gehörende Säure mit einem Schmelzpunkt von 69,3° C. Die Stearinsäure ist zwar hart, aber nicht bröckelig und zerkrümelt auch nicht an der Polierscheibe, haftet leicht und läßt sich mit Lösungsmitteln gut abwaschen.

Talg ist das starre Fett von Rindern oder Hammeln, bestehend aus Tristearin, Tripalmitin und Triolein, mit einem Schmelzpunkt von etwa 45° C. Als Bindemittel am besten geeignet ist der im offenen Kessel durch Auslassen gewonnene Talg, während der durch gespannten Dampf zum Schmelzen gebrachte Talg weniger gut ist.

Die Wachse sind gesättigte Kohlenwasserstoffe mit offener Verkettung. Den weißen Paraffinwachs gewinnt man durch Destillieren von Schieferöl, und zwar in verschiedenen Qualitäten je nach Herkunft des Ausgangserzeugnisses. Sein Schmelzpunkt liegt zwischen 35 und 60° C. Sie stellen ein gutes Bindemittel dar und neigen nicht zum Verkohlen oder Verharzen, besitzen aber gute Haftfähigkeit und Schmelzeigenschaften.

Montanwachs ist ein Wachs pflanzlichen Ursprungs, das durch Extraktion aus der Braunkohle gewonnen wird. Es unterscheidet sich vom Bienenwachs wie auch vom Paraffin durch die für viele technische Zwecke besonders erwünschte größere Härte und höhere Schmelztemperatur; seine chemische Zusammensetzung ist die eines echten Wachses.

Außer den obigen Mitteln kann der Hersteller noch besondere Öle, Fette oder andere Substanzen verwenden, die das Verschmieren der Scheiben verhindern und das Metall rein lassen sollen oder die andere nützliche Eigenschaften in sich bergen.

Alle die oben genannten Stoffe wirken in abwechsendem Grad als Bindemittel und Schmierung, ausgenommen vielleicht die Stearinsäure, die geringen Schmierungswert besitzt.

Fettige Zusammensetzungen werden für die Grobpolitur und trockene Pasten für die Endpolitur verwendet. Fettige Zusammensetzungen halten mehr Polierstoff, geben jedoch keinen so guten Farbton.

Der Hersteller von Polierpasten erzielt ein marktfähiges Erzeugnis erst durch Hunderte von Versuchen. Wenn er eine Zusammensetzung gefunden hat, so hält er sie sehr geheim. Infolge der Schwierigkeiten, welche der Wettbewerber hat, die Menge der einzelnen Stoffe festzustellen oder überhaupt festzustellen, welche Stoffe Verwendung gefunden haben, ist der Inhaber einer solchen Zusammensetzungsformel besser geschützt als durch ein Patent.

Bei der Herstellung der Pasten zum Polieren von Nickel wird als Glanz- und Poliermittel in erster Linie fein gemahlener Wiener Kalk verwendet. Eine harte und im Gebrauch sehr sparsame Nickelpolierpaste, mit der Hochglanz erzielt werden kann, erhält man, wenn man 700 g Wiener Kalk und 300 g Stearin verwendet. Ersetzt man einen Teil des Stearins durch Vaseline, etwa 100 g, so erhält man eine weichere Paste; vermischt man aber den Wiener Kalk mit feinem Goldtripel, so erhält man eine schärfer angreifende Paste.

Zur Herstellung von Poliermitteln liefern die chemischen Fabriken Erzeugnisse in höchster Reinheit und feinst verteilter Form. So wird zum Beispiel Poliergrün zur Herstellung von Poliermassen für rostfreien Stahl und für Herdputzmittel geliefert, Polierweiß zum Polieren hochempfindlicher Metallteile. Firmen, die Polier- und Hochglanzmassen erzeugen, empfehlen zum Beispiel für Eisen und Stahl, Kupfer-, Chrom- und Nickellegierungen Feinpolier-Schmirgelfett zum Bürsten und Feinpolieren, amerikanische Tripelkomposition als Schwabbelmasse für Kupferlegierungen, Aluminium u. a. Mit dieser Komposition, die von großer Griffigkeit ist, läßt sich ein fast strichfreier Hochglanz erzeugen.

Eine aus reinem Wiener Kalk mit Stearin hergestellte Hochglanzmasse „weiß“ wird als Hochglanzmasse für Nickel-, Kupfer- und Aluminiumlegierungen verwendet und erzeugt eine wolkenfreie Politur. Diese gleiche Masse eignet sich auch als Schwabbelmasse.

Chrompoliergrün ist eine Hochglanzmasse für verchromte Metalle, die ohne Fettschleier sofort eine wolkenfreie Politur, auch bei grauen Stellen, gibt, während eine andere Masse, die Stahl- und Chrompoliergrün genannt wird, als Polier- und Hochglanzmasse für Stahl, Sonderlegierungen und verchromte Teile dient. Zum Nachglänzen von Stahl aller Art zur Erreichung eines Spiegelglanzes wird Stahlpolierrot verwendet.

Als Vorpoliermasse für Edelmetalle und deren Legierungen wird Poliergrün verwendet, ebenso Polierrot, mit dem man fast Hochglanz erzeugen kann, und Polierrot „extra fein", das eine fett- und haarißfreie Politur ergibt.

Schließlich sei noch die Aluminiumhochglanzmasse genannt, die einen tiefen Chromglanz auf Aluminium und dessen Legierungen erzeugt.

Über die Behandlung der Polierpasten herrscht in den Betrieben noch recht häufig eine erstaunliche Unkenntnis. Dies führt zu Reklamationen, welche die Herstellerfirmen mit dem besten Willen nicht ändern können. Der Verbraucher vergißt zu häufig, daß es sich bei den zur Verwendung gelangenden Poliermassen zum größten Teil um Naturerzeugnisse handelt, die auch entsprechend behandelt werden müssen. Vor allem trifft dies zu bei den Hochglanzpasten, da dieselben zu einem großen Teil aus Wiener Kalk hergestellt werden, der wiederum durch verschiedene Fette gebunden ist. Wie nun allgemein bekannt ist, hat Kalk die unangenehme Eigenschaft zu treiben, sobald er feucht wird. Es genügt nun schon, wenn er mit Luft, die ja, wie bekannt, einen gewissen Feuchtigkeitsgehalt hat, in Berührung kommt, um diese Eigenschaft zu zeigen.

Gegen dieses Übel sucht sich der Hersteller so zu schützen, indem er die Pasten mit Paraffin überzieht oder sie in eine Umhüllung bringt, die der Luft nach Möglichkeit keinen Zutritt läßt. Dies kann aber nur immer unvollkommen geschehen und so muß damit gerechnet werden, daß eine solche Paste, die Wiener Kalk enthält, sich nur etwa 7—8 Wochen einwandfrei hält. Eine wichtige Rolle spielt hierbei die Lagerung. Je trockener und kühler die Hochglanzpaste gelagert wird, um so länger wird sie brauchbar bleiben.

Die Verpackungsart ist natürlich von großer Wichtigkeit, und es liegt auf der Hand, daß eine gewisse Verpackungsart einen bestimmten Vorteil für sich hat, der auf der anderen Seite meistens wieder durch einen Nachteil ausgeglichen wird. Manche Verbraucher beziehen die Pasten in Papphülsen, weil sie die Erfahrung gemacht haben, daß sie dieselben in dieser Umhüllung wesentlich länger lagern können. Andere wiederum, und zwar besonders diejenigen, welche jeden Monat einen bestimmten Umsatz in Hochglanzpasten erreichen, beziehen sie in einfachen, paraffinierten Steinen oder in Steinen, die in Fettpapier eingewickelt sind. Seit einiger Zeit sind auch die meisten Pastenfabrikanten dazu übergegangen, Hochglanzpasten nach dem Inland in einfachen oder mit Pergamin gefütterten Pergamentbeuteln zu liefern. Diese Art der Verpackung hat sich gut bewährt. Nach Übersee aber werden luftdicht verschlossene Blechdosen als Verpackung gewählt. Wie schon gesagt, zeigt jede Verpackungsart Vorteile und Nachteile. Was die Nachteile anbetrifft, so sei erwähnt, daß bei Lieferung der Paste in Steinen, die in Fettpapier eingewickelt sind, ein schnellerer Zerfall eintritt. Bei der Verpackung in Papphülsen tritt bei längerem Lagern der Übelstand ein, daß gegebenenfalls die dicke Papphülse verhältnismäßig schnell Fett aufsaugt und es mithin der Paste entzieht. Auch ist das Verpackungsgewicht verhältnismäßig hoch. Die Verpackung in Blechdosen, die ja nur für Übersee empfohlen wird, hat den Nachteil, daß sie sehr teuer wird. Die zweckmäßige Verpackungsart scheint diejenige in Pergamentbeuteln zu sein. Sie sind handlich und leicht, das Verpackungsgewicht ist sehr niedrig, und die Beutel können leicht geöffnet werden.

Schleif- und Polieröle.

Als Schleif- und Polieröle kommen in Betracht:

1. Zum Pließten von Stahlwaren usw. auf aufgeleimten Lederkranzscheiben mineralische Polieröle oder dänisches Rüböl.

2. Zum Polieren von Metallwaren aus Schwer- und Leichtmetallen zusätzlich zum Gebrauch bei Polierpasten Stearinöl mit hohem Fettgehalt. Stearinöl ist eine Art Ölsäure, welche neben dem mechanischen Polieren durch die Polierscheibe noch eine chemische Wirkung der Ölsäure auf das Metall ausüben läßt und den Poliervorgang dadurch fördert. Stearinöl wird in vielen Fällen dann auch angewandt, wenn die Polierpasta nicht genügend wirkt, weil sie zu trocken ist. Man taucht die Pasta vor dem Andrücken an die Polierscheibe kurz in den Stearinölbehälter.

3. Von einzelnen Firmen werden auch emulgierbare, d. h. in Wasser auflösbare und verdünnungsfähige Öle angewendet.

Vor nicht allzu langer Zeit ist es gelungen, Schleif- und Polieröle zu schaffen, deren Emulgierbarkeit so groß ist, daß selbst bei 1,5 Grad Fettgehalt die Emulsion noch rostsicher und beständig ist. Rüger und Krekeler haben eingehende Versuche vorgenommen, die ergaben, daß Sonderschleif- und Polieröle bei hohen Mischungsverhältnissen (zum Beispiel 1 : 60) große Schleif- und Polierleistung ermöglichen.

Ferner stellte sich auch heraus, daß besonders fein emulgierbare Schleif- und Polieröle keine Rostbildung zeigen und das Zusammenballen des Schleif- und Polierstoffes verhindern, so daß ein ununterbrochenes Arbeiten möglich ist.

Durch zusätzliche Prüfungen (Benetzungsfähigkeiten, Oberflächenspannung) wurde festgestellt, daß sich hier kein Zusammenhang mit der Schnittleistung finden läßt. Es müssen daher zur Prüfung eines Öles unbedingt Abstufungsversuche gemacht werden.

Bürsten für die Metallbearbeitung.

Schleif -und Polierbürsten werden in verschiedenen Bürstenformen verwendet, hauptsächlich in der allgemein bekannten Scheibenform, fernerhin aber auch in Form von Walzen, Bürsten zur Bearbeitung von Blechen und anderen Tafeln sowie in Form von Topf- oder Pinselbürsten, ebenfalls zur Bearbeitung von größeren Flächen bzw. zum Reinigen von Profilen oder Ecken oder schwer zugänglichen Stellen.

Eine sehr große Rolle spielen bei den Scheibenbürsten die Fiberrundbürsten, denn sie werden zum Vorschleifen jeglichen Metalles vor der galvanischen Behandlung benutzt. Die Fiberbürsten werden benutzt in Verbindung mit jeglichen mehr oder weniger griffigen Schleif- und Poliermitteln, die auf die Bürste aufgetragen werden, oder auch in Verbindung mit Schmirgel, welcher in die

Bürsten eingeleimt wird. Mit einer Fiberrundbürste ist also ein mehr oder weniger feiner Schliff zu erzielen.

In Abb. 24 wird eine Fiberrundbürste (DRGM.) gezeigt. Durch die haarnadelförmig umgelegten Fasern sowie den darin vertieften Drahtring ist ein Herausfliegen ausgeschlossen; auch wird dadurch eine stets gleichmäßige Abnutzung erreicht.

In Abb. 25 ist eine Fiberrundbürste mit gepreßtem Pappkörper dargestellt. Der Hauptvorteil dieser Art von Bürsten ist die große Billigkeit. Nach Abnutzung wirft man den Pappkern, der keinen Wert mehr hat, einfach weg.

Um leichte Farbschichten oder Oxydschichten jeglicher Art zu entfernen, werden Drahtrundbürsten benutzt entweder aus Stahldraht, Messingdraht, Bronzedraht, Neusilberdraht oder anderem Material, je nach der Beschaffenheit des zu bearbeitenden Werkstückes.

Für die Feinheit des Schliffes ist die gewählte Drahtstärke ausschlaggebend und außerdem natürlich auch die Drahtqualität; denn ein weicherer Draht wird einen feineren Schliff hinterlassen als ein harter Draht in derselben Stärke.

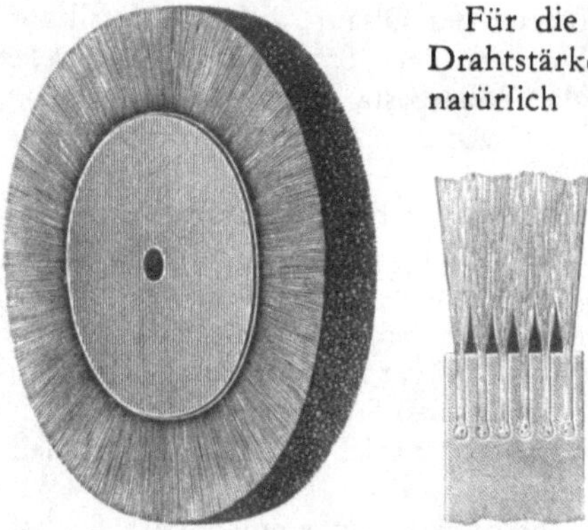

Abb. 24. Fiberrundbürsten.

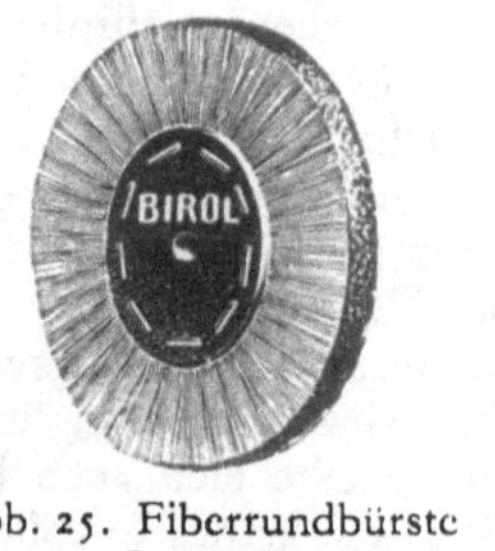

Abb. 25. Fiberrundbürste mit gepreßtem Pappkörper.

Auch zwischen der Stärke des zu wählenden Drahtes und der Oberflächengeschwindigkeit besteht ein bestimmtes Verhältnis. Die Stärke des Drahtes soll gewöhnlich um so geringer sein, je größer der Durchmesser und je größer die Umfangsgeschwindigkeit der Bürste ist.

Wird eine langsame Umfangsgeschwindigkeit angewendet, so sollte die Drahtstärke um so größer sein, z. B.:

a) Bürstendurchmesser 200 mm — 2500 U/min.
b) „ 200 mm — 1600 „

Die unter a) genannte Bürste hat eine größere Drehgeschwindigkeit als die unter b) genannte und hat demzufolge bei dieser größeren Zentrifugalkraft auch eine härtere Oberfläche. Es ist aus diesem Grunde möglich, eine geringere Drahtstärke in dieser Bürste zu verwenden.

Die unter b) genannte Bürste beansprucht im Gegensatz hierzu eine kräftigere Drahtstärke. Wenn irgend möglich, sollte die unter a) genannte Bürste benutzt werden, da dies bezüglich der Lebensdauer der Bürste wegen ihrer geringeren Drahtstärke unbedingt ein Vorteil bedeutet.

Gewisse Arbeitsgänge erfordern jedoch einen stärkeren Draht, der aber die Möglichkeit eines früheren Bruches des Drahtes, durch die Ermüdungserscheinungen verursacht, vergrößert. Überhaupt hat der Verbraucher bei der Benutzung von Drahtbürsten vor allen Dingen zu bedenken, daß jeder Draht, auch der aus dem besten und zähesten Stahl hergestellte, zum Beispiel bei

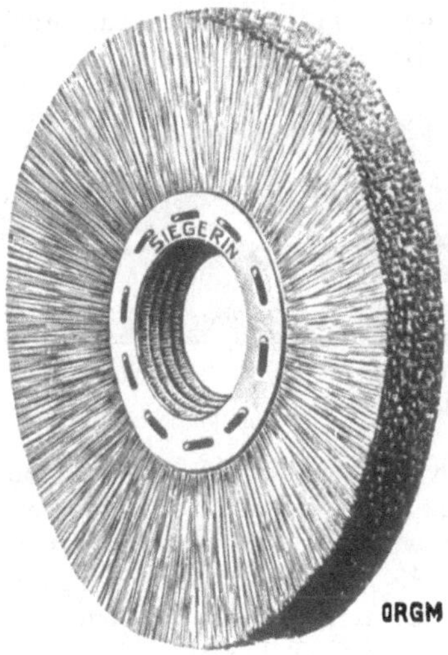

Abb. 26. Rundbürste (DRGM.), besetzt mit gewelltem Stahldraht.

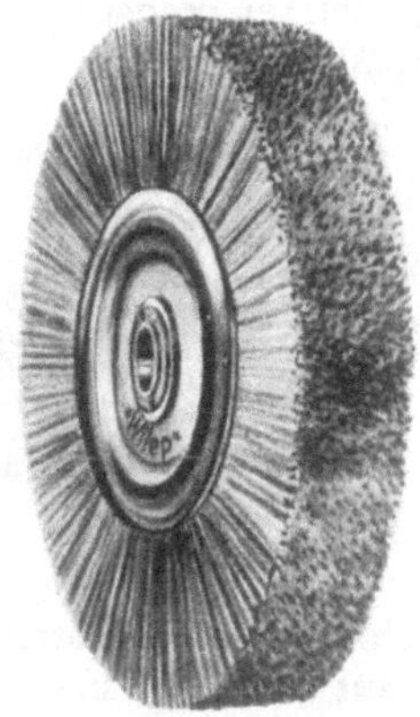

Abb. 27.

Abb. 29. Rundbürste mit Holzkörper für die Schmuckwarenindustrie.

Abb. 28. Blechkapsel-Rundbürste für schwere Arbeiten.

Abb. 30. Rundbürste mit Holzkern mit glattem, gerichtetem Stahl- und Messingdraht.

1400 Umdrehungen in der Minute, in jeder Minute vierzehnhundertmal geknickt wird. Es ist selbstverständlich, daß jeder Stahl bei derartig vielen Knickungen einmal ermüden muß, auch der zäheste Stahl.

Es muß nun darauf geachtet werden, daß die Drähte keinesfalls stärker auf das zu bearbeitende Werkstück aufgedrückt werden, als dies unbedingt notwendig ist. Wenn natürlich die Drahtseitenflächen mitarbeiten müssen, werden dieselben stärker beansprucht und stark geknickt, und die Drähte brechen vor erfolgter Ausnutzung der Bürste allzu zeitig ab.

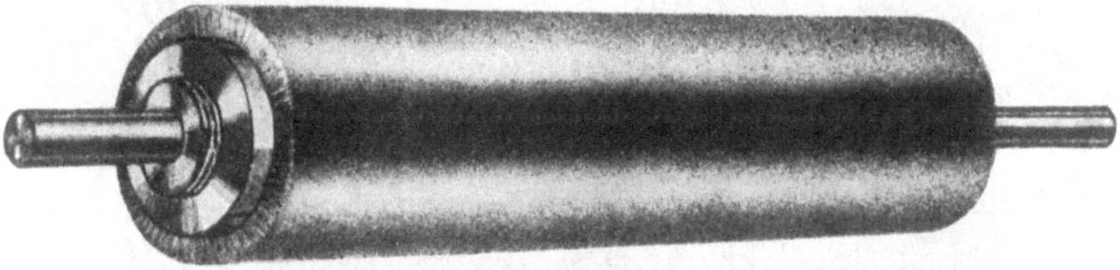

Abb. 31. Walzenbürste.

Zum Polieren oder Glätten können die in den Abb. 26—31 gezeigten Rundbürsten auf einem ortsfesten Polierbock oder auf einer Maschine mit tragbarer oder biegsamer Welle verwendet werden. Dabei ist zu beachten, daß der Durchmesser der Bürste durch die PS-Zahl des Motors bestimmt wird.

Die in Abb. 32 dargestellte Rundbürste nach dem Rillensystem bietet verschiedene Vorteile. Die Büschel werden seitwärts eingeschoben und durch Seitenscheiben in den eisernen Rillen festgehalten.

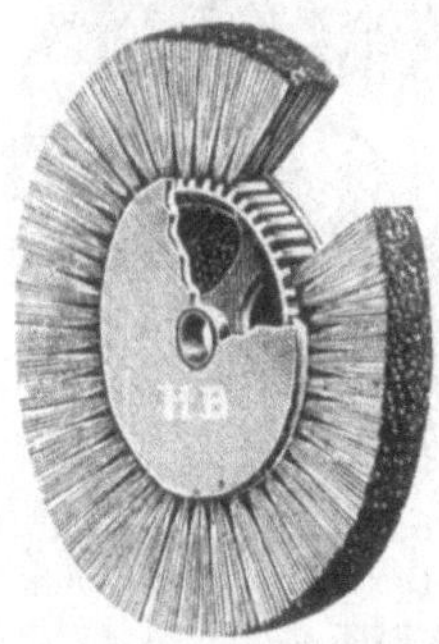

Abb. 32. Rundbürste nach dem Rillensystem.

Es empfehlen sich als Höchstdurchmesser der Rundbürsten bei gegebenen Motorstärken von

$1/8$ PS	nicht	über	150 mm	Bürstendurchmesser
$1/4$ PS	,,	,,	200 mm	,,
$1/2$ PS	,,	,,	250 mm	,,
$3/4$ PS	,,	,,	300 mm	,,
1 PS	,,	,,	400 mm	,,

Bei ortsfestem Antrieb wählt man den größten Bürstendurchmesser, der praktisch auf der Bank benutzt werden kann. Bei biegsamer Welle oder sonstiger tragbarer Einrichtung ist gewöhnlich der größte Bürstendurchmesser 200 mm. Bei einer größeren Rundbürste muß man beachten, daß dieselbe schwer zu handhaben ist, besonders bei minutlichen Geschwindigkeiten von über 3000 Umdrehungen.

Es gibt Sonderfälle, die auch in Zukunft der Handarbeit stets vorbehalten bleiben werden. Wenn aber symetrische oder Rotationskörper in der Massenherstellung noch immer von Hand geschliffen oder poliert werden, so ist dies eigentlich unverständlich, weil heute die rein mechanische Arbeit ein viel wirtschaftlicheres und besseres Ergebnis erzielen läßt.

Bei Metallwaren wird die Qualität des Erzeugnisses stets nach dem Grad der Oberflächenbearbeitung bestimmt. Das Erzeugnis läßt sich verbessern und wertgemäß steigern, wenn die selbsttätige Maschine durchgreifende und gründliche Arbeit, die stets gleichmäßig ausfällt, leistet.

Die Verwendung solcher Automaten bedeutet also für den Betrieb eine Erleichterung, Verbilligung und Verbesserung.

Polierblutsteine und Polierstähle.

Die Polierblutsteine haben eine Härte von 3—5 nach Mohs. Ihr spezifisches Gewicht ist 4,5—4,9. Im reinen Zustand enthalten sie 70% Fe. Sie werden aus Roteisensteinen hergestellt, die sich in der Natur in größeren Stücken vorfinden.

Die brauchbaren Stücke werden auf Schleifsteinen zugeschliffen und dann poliert. Erst wenn sie fertig poliert sind, sieht man, ob die Blutsteine brauchbar sind und keine Risse haben. Die brauchbaren Steine werden hierauf in Messinghülsen eingekittet und in lange Holzschäfte gesteckt.

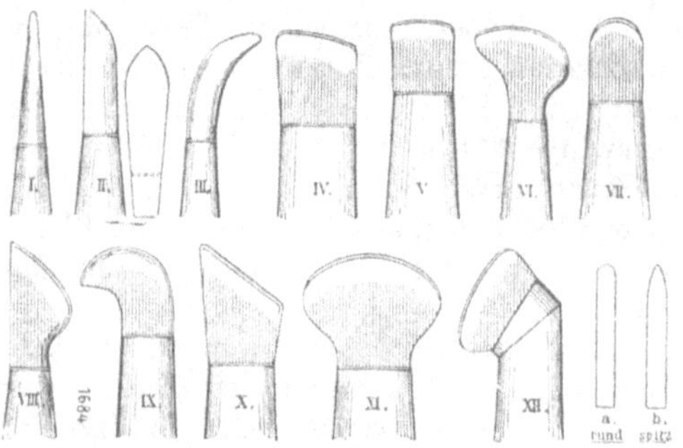

Abb. 33. Polier-Blutsteine.

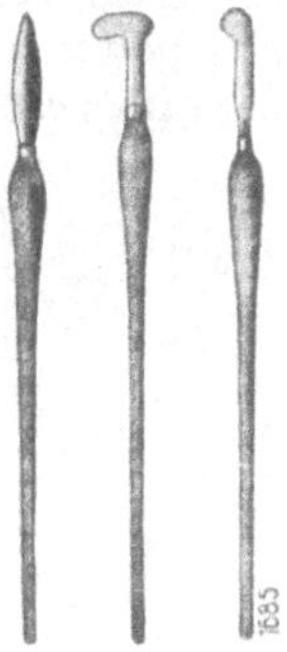

Abb. 34. Polierstähle.

Die Steine, welche am dunkelsten aussehen, sind die härtesten Steine. Die Farbe der Blutsteine soll rötlich-schwarz bis blau-schwarz sein.

Man schleift die Poliersteine in verschiedenen Formen zu, und zwar teilweise so, daß man damit in Ecken und Vertiefungen der Werkstücke gelangen kann. Breite, aber nicht zu dicke Poliersteine werden zum Polieren von Flächen verwendet. Wie aus der Abb. 33 ersichtlich, besitzen die Polierblutsteine je nach Bedarf die verschiedensten Formen.

Die Polierstähle bestehen aus verschiedenartig geformten, gehärteten und blankpolierten Stahlstäben. In Abb. 34 werden verschiedene Formen der Polierstähle gezeigt. Sie werden lanzett-, stiefel- oder linsenförmig in Messing gefaßt, mit Holzstiel geliefert.

Abschnitt 1b.

Die verschiedenen Arten von Polierscheiben und Poliereinrichtungen.

Die Preßpolierscheiben.

Die Polierscheiben bilden die Träger für das Poliermittel und dessen Bindung. Die ersten zur Verwendung gelangten Polierscheiben scheinen aus Holz mit Lederbelag gewesen zu sein. Sodann kamen Scheiben aus Leder, das in der benötigten Form geschnitten und zusammengeleimt wurde, in Benutzung, und hierauf wurden Scheiben aus benutztem Segeltuch zusammengenäht und verwendet. Später kam man dann auch dazu, Scheiben in ähnlicher Weise aus Schafhautleder herzustellen, und schließlich gab es Scheiben aus einem Stück, die aus Filz hergestellt wurden.

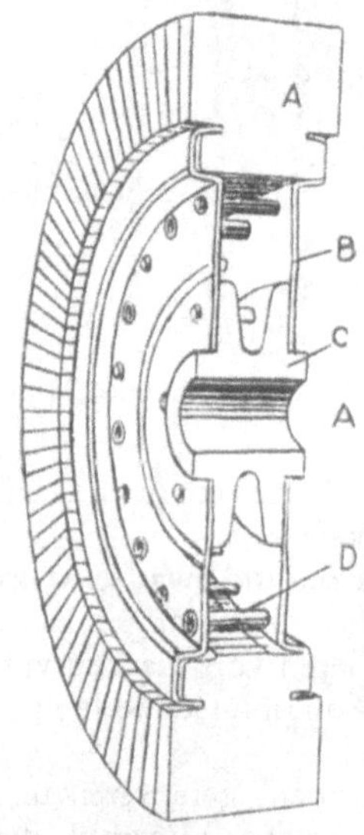

Abb. 35.
Preßpolierscheibe.

Alle diese verschiedenen Arten von Polierscheiben wurden mit der Zeit verbessert, und so werden sie auch noch alle verwendet. Der größte Fortschritt wurde aber durch die Erfindung der Preßpolierscheiben erzielt. Es sind dies Polierscheiben zum „nachgiebigen" Polieren in Form von radial angeordneten, unter starkem Druck zusammengepreßten, das Ringpolster bildenden Stücken aus verschiedenen Stoffen mit aufgeleimtem Poliermittelüberzug.

In Abb. 35 ist die Bauart einer Preßpolierscheibe dargestellt. Das Polster besteht aus winkeligen kleinen Stücken aus Büffel-, Ochsen-, Walroßleder, Schaffell, Filz, Leinwand, Papier usw., und zwar sind die Stücke von gleichmäßiger Beschaffenheit in bezug auf Dichte, Stärke, Weichheit und Porigkeit.

Die einzelnen Stücke werden strahlen- und ringförmig zu dem Polster A von etwa 25—75 mm Stärke je nach der verlangten Nachgiebigkeit unter starkem Druck zusammengesetzt und durch zwei Seitenplatten B zusammengehalten, die mit ihren äußeren krallenartigen Flanschen in entsprechenden Ausdrehungen des Polsterringes eingreifen und mit der gußeisernen Nabe C vernietet werden. Die Seitenplatten werden durch mehrere im Kreise angeordnete Messingröhren D miteinander verbunden, die mit ihnen vernietet und zur Aufnahme von Bleidraht zu Auswuchtzwecken dienen. Das Polster bildet den Träger für die Leimüberzüge und den Poliermittelkopf. Die Scheiben werden in Durchmessern von etwa 36—600 mm, wie auch in beliebigen Breiten hergestellt. Man kann auch Arbeitsstücke von ungewöhnlicher Breite in einem Arbeitsgang polieren, und zwar wird dies dadurch erreicht, daß man auf gemeinsamer Welle mehrere an den Stoßstellen genau zu verpassende Scheiben zusammensetzt.

Preßscheiben werden außer zu Flach-, Rund- und Profilarbeiten auch als Vorschub-, Farb- und Ölwalzen verwendet. Eine Kombination der Preßscheiben mit Ringpolster mit Holzscheiben mit Ledermantel stellen Scheiben mit um den Umfang gelegtem Lederband dar; sie werden gewöhnlich mit Leder- oder Papierpolster in einer Polsterstärke von 25 mm hergestellt.

Preßscheiben dienen in Form von Tellerscheiben zum Flächenpolieren auf ein- und doppelspindeligen Flächenschleifmaschinen. Das Polster erstreckt sich auf eine der Stirnflächen; ein Stahlband, das rund um die Außenfläche gespannt ist, hält das Poliermaterial gegen die Wirkung der Zentrifugalkraft zusammen. Der Leimüberzug und die Poliermasse werden auf die Stirnfläche aufgetragen. Die Befestigung auf der Maschine kann man entweder, wie dies allgemein üblich ist, durch Nabe oder auch durch eine Rückenplatte, mit welcher die Scheibe auf der Maschinenplanscheibe aufgeschraubt wird, vornehmen.

Für Arbeitsstücke mit scharfen Kanten und schwierig zugänglichen Aussparungen verwendet man als Stoff für die Preßscheibenpolster entweder bestes in Eiche gegerbtes Büffel- oder Ochsenhalsleder von gleichmäßiger Dichte und Stärke, gegebenenfalls durch Walzen geglättet und verdichtet, oder Walroßleder mit poriger, sammetartiger Polierfläche für sehr feine Polierarbeiten unter unmittelbarem Auftragen der Poliermasse ohne Verwendung von Bindestoffen. Für feine Polier- und Schwabbelarbeiten wird gepreßter Filz in einer Stärke von etwa 12 mm, der auf die gewünschte Dichte gepreßt wird, verwendet, während Wollfilz in Stärken von 5—6 mm sowohl für Schwabbelarbeiten mit lose aufgetragener Poliermasse als auch für Polierarbeiten mit aufgeleimter Poliermasse Verwendung findet, und zwar unter anderem mit Chromoxyd als Poliermittel zum Polieren von Schneidwaren aus rostfreiem Stahl, Kanvas oder Leinwand mit schräg zugeschnittenen Stoffabschnitten, damit das Ausfasern verhindert wird. Schaffelleder von dichtem, weichem Gefüge und einer sammetartigen Polierfläche wird verwendet für hochwertige feine Polierarbeiten, wie zum Beispiel an kostbaren Gewehr- und Waffenteilen, Genauigkeitswerkzeugen, Geräten für den Arzt und Zahnarzt usw., während Strohpappe oder Papier von natürlicher Gleichmäßigkeit des Gefüges und sehr harten Polierflächen zum Polieren von flachen Genauigkeitsflächen geeignet ist, wie auch zum Beispiel zum Entfernen des Grates von Gabeln, Löffeln usw.

Preßpolierscheiben mit Leinwandpolster.

Der Leinwandstoff, der in mehreren Schichten von geeigneter Stärke übereinandergelegt ist, wird, damit die Fäden des Gewebes unter einem Winkel von 45^0 zur Scheibenfläche zu liegen kommen und ein Ausfransen vermieden wird, diagonal zu Längsstreifen geschnitten und an den Schnittkanten zusammengenäht, damit sich die Schichten nicht gegeneinander verschieben. Dies geschieht beides zugleich auf einer mit zwei Nähnadeln und einer Schnittsäge ausgestatteten Sondermaschine. Hierauf werden die Streifen in rechtwinkelige

Stücke von der erforderlichen Länge und Breite geschnitten. Durch ein Stahlband, dessen Durchmesser größer ist als der der fertigen Preßscheibe, werden die zu einem Ring zusammengesetzten Stücke von außen umschlossen. Die Leinwandstücke werden in dieses Stahlband ringförmig eingeordnet unter Verwendung von Zwischenwänden aus Blech, die zwischen je einer Anzahl von Stücken eingeschoben werden, um ein festes Anliegen ohne gegenseitiges Verschieben beim Pressen zu erzielen.

Von der erforderlichen Dichte des Polsters hängt es ab, welche Anzahl der einzuschiebenden Zwischenwände, die nach dem Pressen wieder aus dem Ring herausgenommen werden, notwendig ist.

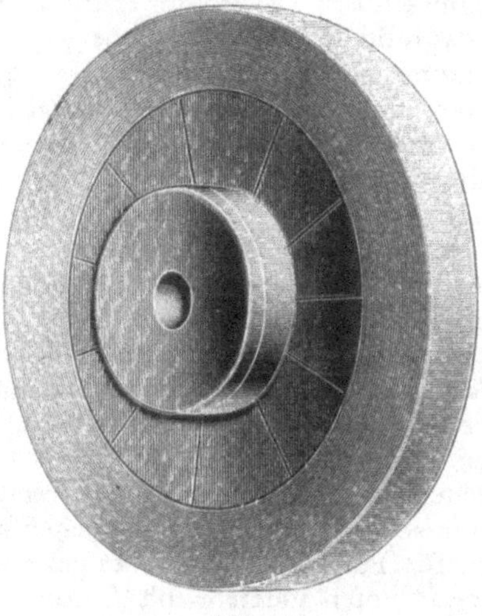

Abb. 36.
Pappelholzscheibe mit Merinofilzring.

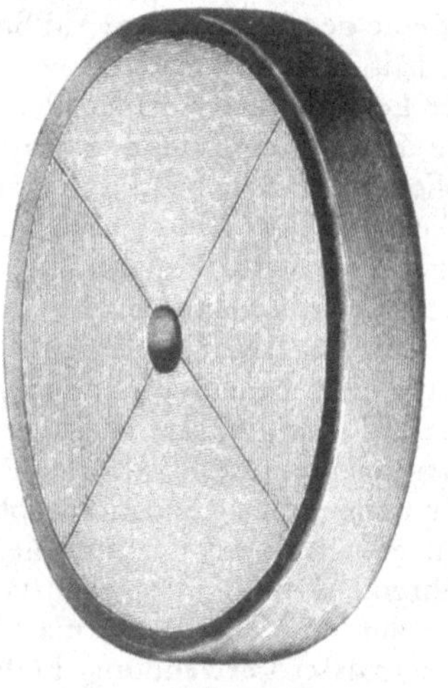

Abb. 37.
Pappelholzscheibe mit Filzflachbezug.

Das Zusammenpressen der Leinwandstücke erfolgt in der Weise, daß das sie umschließende Stahlband mit dem Polsterring in die obere Öffnung eines langen, kegeligen Druckzylinders eingesetzt und dann der Leinwandring unter hohem mechanisch oder hydraulisch erzeugtem Druck aus dem Stahlband heraus in den kegeligen Zylinder hineingepreßt wird. Der Polsterring wird nach dem Durchgang durch den Druckzylinder von einem gußeisernen Ring von außen her aufgenommen, der zugleich als Spannvorrichtung bei der anschließenden Bearbeitung des Polsters an den Innen- und Seitenflächen auf der Drehbank dient. Mit dem Abdrehen dieser Flächen wird gleichzeitig auch eine Rille an den beiden Seitenflächen eingestochen, in welche die Krallen der Seitenplatten eingreifen. Mit den beiden stählernen Seitenplatten wird die gußeiserne Nabe mittels ihrer beiden Flanschen vernietet. Die Seitenplatten werden durch Nietbolzen gegeneinander versteift, die durch Stauchköpfe gehalten werden.

Die fertig zusammengesetzte Polierscheibe wird aus dem Aufnahmering herausgenommen und an der äußeren Polierfläche abgedreht bzw. auf Form gedreht.

Zur Vervollständigung der Zusammensetzarbeiten gehören das Einsetzen der Auswuchtröhren durch die Seitenplatten hindurch und das Einfüllen, Anstauchen bzw. Umbördeln des Bleidrahtes zum Festlegen in den Röhren.

Preßkork-Polierscheiben.

Kork stellt einen Stoff dar, der eine große Polierfähigkeit besitzt. Es ist deshalb verständlich, daß man dazu übergegangen ist, aus diesem Stoff Schleif- und Polierscheiben herzustellen.

Es werden reine Korkscheiben verwendet und auch solche, in denen Kork mit Polierkorn vermischt ist.

Die auf dem Markt befindliche „Suberit"-Preßkorkpolierscheibe ist von letzterer Art. Sie schleift und poliert zu gleicher Zeit, d. h. die in der Scheibe enthaltenen Schleifkörner verrichten ihre spanabhebende Tätigkeit beim Schleifen und nützen sich vollständig ab, so daß gleichzeitig die dahinter oder zwischengelagerten Korkkörper ihre polierende Tätigkeit ausüben können. Etwaige durch die Schleifmasse hervorgerufene Rißbildung am Werkstück wird stets durch die Polierwirkung des Korkes beseitigt.

Abb. 38.
„Suberit"-Preßkork-, Hochleistungs-, Schleif- und Polierscheibe.

Ein Abdrehen der Korkpolierscheiben ist meistens nicht notwendig, da sie sich langsam gleichmäßig abnutzen und infolge des selbsttätigen Abgangs der Schleifkörner stets schleif- und polierkräftig bleiben.

Die Preßkork-Schleif- und Polierscheibe ist eine Scheibe von verhältnismäßig geringem Gewicht, die Lager der Maschine werden also geschont, und der Kraftbedarf ist auch nur gering. Auch ist ein Zerspringen nahezu ausgeschlossen, da es sich um einen elastischen Stoff handelt.

Die „Suberit"-Preßkork-Schleif- und Polierscheibe wird in den folgenden fünf Körnungen hergestellt:

Nr. 7 . . . ganz grob
Nr. 5 . . . grob
Nr. 2 . . . mittel
Nr. 0 . . . fein
Nr. 000 . . ganz fein.

Das Verwendungsgebiet der Preßkork-Schleif- und Polierscheibe ist ziemlich ausgedehnt, sie wird u. a. in Armaturenfabriken, Fabriken für Feinmechanik, Schreibmaschinen- und Fahrradfabriken, im Automobilbau, in Werkzeug- und Werkzeugmaschinenfabriken, galvanischen Anstalten usw. zur Bearbeitung von Gußeisen, Schmiedeeisen, Stahl, Rotguß, Messing, Kupfer, Neusilber,

Nickel usw. verwendet. Außer in der Metallbearbeitung wird diese Art von Schleifscheiben auch in der Glas-, Porzellan- und Kunststoffbearbeitung mit Erfolg verwendet.

Polierscheiben aus Geweben

spielen beim Polieren der Metalle ebenfalls eine sehr wichtige Rolle. Sie sind ausführlich auf den Seiten 56—63 behandelt worden.

Pappelholzscheiben mit Leder- oder Filzkranz.

Die Holzscheiben mit Flach-, Schräg- oder Hochkantlederbezug werden mit einem Durchmesser von etwa 300—1000 mm und 200—1000 mm Dicke (teils in Walzenform) hergestellt. Diese Holzscheiben werden auch mit Filzbezug verwendet.

Die günstigste Umfangsgeschwindigkeit dieser mit Schmirgel oder Korund beleimten Scheiben beträgt etwa 30 m/sek.

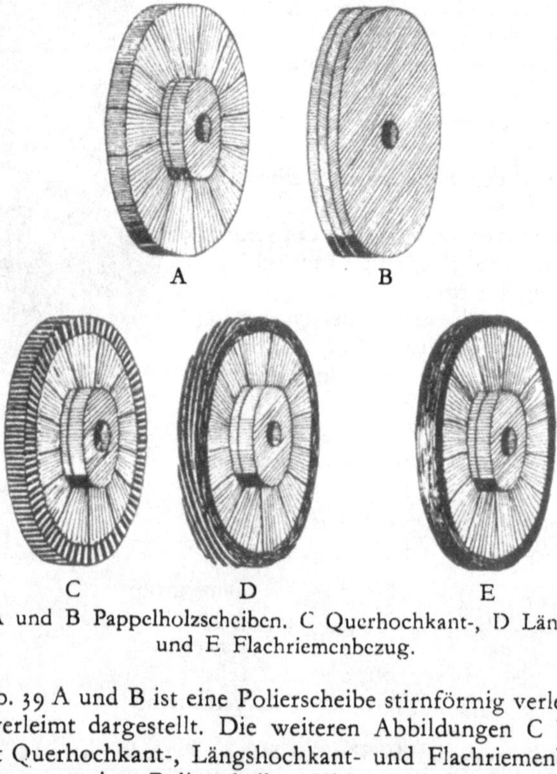

Abb. 39. A und B Pappelholzscheiben. C Querhochkant-, D Längshochkant- und E Flachriemenbezug.

In den Abb. 39 A und B ist eine Polierscheibe stirnförmig verleimt und eine solche querverleimt dargestellt. Die weiteren Abbildungen C bis E zeigen Scheiben mit Querhochkant-, Längshochkant- und Flachriemenbezug.

Die in Abb. 40 gezeigte Polierscheibe „Hithut" ist durch deutsches Reichspatent geschützt. Es handelt sich hier um eine Scheibe, bei der der Lederkranz nicht ins Holz eingelassen, daher ein Teil für sich ist. Der endlos durchgehende Eisenring ermöglicht die Haltbarkeit, er sichert sowohl den Lederkranz als auch die Scheibe, so daß ein Platzen der Holzscheibe unmöglich erscheint. Es läßt sich wirtschaftlich mit dieser Scheibe arbeiten, da man nach Abnützung nur den Kranz zum Selbstaufsetzen neu zu bestellen braucht, der 35 und 60 mm abnutzbar geliefert wird.

Abb. 41 zeigt eine Pappelholzscheibe mit Polierlederflachbezug, der etwa 8 mm stark ist und aus chrom- oder lohgarem Leder besteht.

Der Ausdruck „Pließtscheibe“ wird hauptsächlich in der Solinger Schneidwarenindustrie verwendet, und zwar für eine Art Vorpolierscheibe, die in der Kleineisenindustrie eine große Rolle spielt.

Abb. 41. Pappelholzscheibe mit Polierleder-Flachbezug.

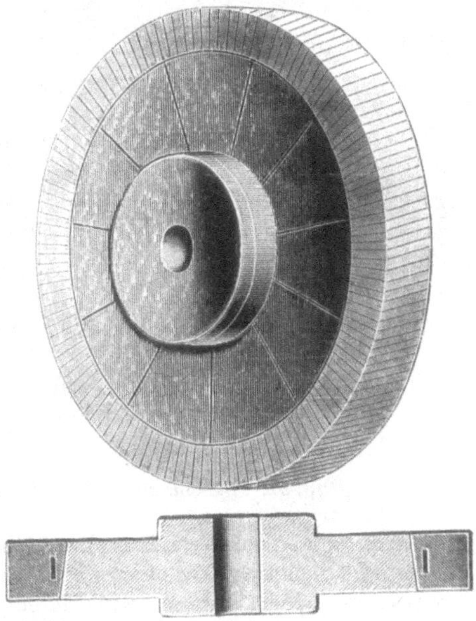

Querschnitt

Abb. 40. Polierscheibe „Hithut“. DRP.

Die Pließtscheibe hat u. a. die Aufgabe, die Stahlwaren an den Stellen blank zu schleifen, wo der Schleifstein oder die Schleifscheibe versagen. Das Pließten ist vor allem ein Feinschleifen der vorgeschliffenen Gegenstände, das das Hochglanzpolieren vorbereiten soll. Die Pließtscheibe, die stets mit einem feinen Schleifbelag beleimt ist, hat die Aufgabe, die beim eigentlichen Schleifen zurückgebliebenen groben Schleifrillen zu beseitigen und mattglänzende Oberflächen, die vom Rost kaum angegriffen werden, zu erzeugen. In Abb. 42 ist ein Solinger Pließt- und Polierraum dargestellt.

Der Holzkern der Polierscheibe ist aus mehreren keilförmigen Segmenten oder Ausschnitten aus trockenem und astfreiem Pappelholz zusammengesetzt (Abb. 43). Hierdurch wird ein Ziehen und Werfen der Pließtscheibe vermieden. Zu beiden Seiten der Pließtscheibe werden in der Mitte Naben, die Teller genannt werden, aus verleimtem Holz zur Verstärkung angebracht. Diese Naben werden durch Drahtstifte befestigt, und zwei Stahlringe sind in die Segmente und die Naben so eingelagert, daß ein Herausschleudern der keilförmigen Segmente nicht zu befürchten ist. Die Scheiben und Teller werden abgedreht und

Abb. 42. Ansicht eines Solinger Pließt- und Polierraumes.

mit einem Achsenloch versehen. Die Größen und Breiten der Pließtscheiben sind je nach dem Verwendungszweck verschieden.

Bevor das Leder auf die Laufscheibe der Pließtscheibe gebracht wird, muß, falls die Scheibe nicht vollkommen rund ist, dieselbe mittels eines Drehstahls genau abgedreht werden. Wenn es sich um neue Scheiben handelt, werden am Umfang kleine Rillen eingeritzt, und an den Stellen, die einen Lederbezug erhalten sollen, ein Anstrich von heißer, schwacher Leimlösung gegeben. Nach dem Trocknen der Scheibe wird dann mit dem Aufziehen des Leders begonnen. Drei Lederarten finden Verwendung, und zwar Rind-, Walroß- und Büffelleder. Man schneidet das Leder in schmale Streifen, und wenn es eine Zeitlang im Wasser gelegen hat, wird die Narbseite, welche auf die Scheibe kommt, durch Abschaben gerauht, damit der Leim besser haftet. Um ein Aufreißen beim Pließten zu verhindern, werden die Lederstreifen an den beiden Enden zugeschrägt und übereinandergelegt. Nun wird der erste Lederstreifen auf der

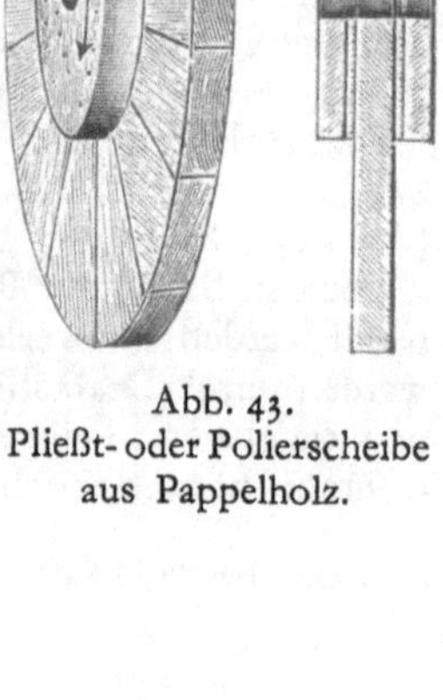

Abb. 43.
Pließt- oder Polierscheibe aus Pappelholz.

Narbseite mit Leim bestrichen und eine heiße, kräftige Leimlösung auf die Scheibe aufgestrichen. Das eine Ende des Riemens wird mit einem sogenannten Leimnagel, das ist ein kegeliger Holznagel, befestigt, und der Riemen fest angezogen. Der Riemen muß so lange gedrückt und gerückt werden, bis er an beiden Enden gleichmäßig übersteht, und man schlägt so viel Holznägel ein als nötig sind, um ein festes Anleimen desselben zu ermöglichen. Mit Lederteilchen werden später die im Leder entstandenen kleinen Löcher ausgefüllt.

Die fertige Scheibe muß nun acht Tage trocknen und wird dann mit einem scharfen Meißel auf ihrer Achse nochmals abgeritzt.

Diese Pließtscheiben, die man auch mit Riemen-Pließtscheiben bezeichnet, werden in der Schneidwarenindustrie sehr viel gebraucht. Wenn der Schleifer nicht vorzieht, sie fertig zu kaufen, kann er sie selbst herstellen und sich das nach seiner Erfahrung am besten bewährte Leder aussuchen. Für Gegenstände, die nicht eben sind, werden vielfach sogenannte aufgesetzte oder Kopfscheiben

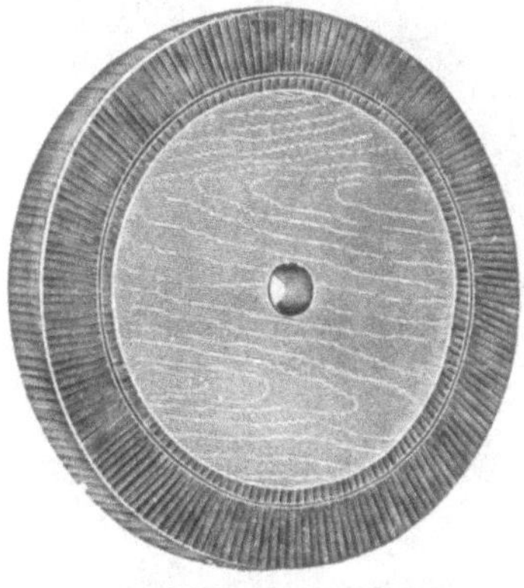

Abb. 44. Pließtscheibe mit querlaufendem Lederkranz.

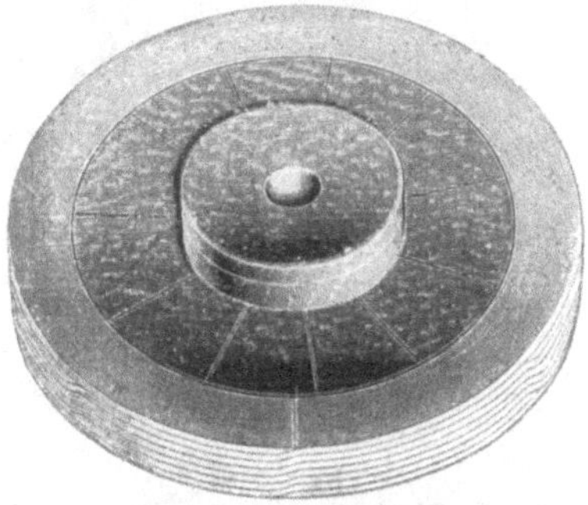

Abb. 45. Pließtscheibe mit längslaufendem Lederkranz.

benutzt. Die Ledersegmente, die den Lederring bilden, stehen mit der Längsfederkante, dem Kopf, nach oben. Je nach dem Verlauf der aufgesetzten Lederstücke unterscheidet man Scheiben mit querlaufendem Lederkranz (Abb. 44) und längslaufendem Kranz (Abb. 45). Einige Schleifer stellen auch Kopfscheiben dadurch her, daß sie Segmente mit schwalbenschwanzförmigen Füßen quer zur Pließtscheibe in einer entsprechenden Rille am Umfang der Scheibe durch Beleimung befestigen. Diese Scheiben werden auch als Lederringscheiben bezeichnet und haben sich in großem Umfange eingeführt. Sie werden von einer Solinger Firma fabrikmäßig hergestellt. Diese Firma hatte vorher schon die Anfertigung von Scheiben mit Segmenten in diagonaler Richtung, die sogenannten englischen Scheiben, aufgenommen. Diese Art von Lederringscheiben werden in der ganzen Kleineisen- und westfälischen Industrie verwendet.

Während die Lebensdauer einer Pließtscheibe mit flachem Lederbezug etwa 8—10 Wochen bei einem Besteckschleifer beträgt, kann die Lederringscheibe von ihm etwa zwei Jahre benutzt werden. Es gehört eine langjährige Erfahrung dazu, um in jedem einzelnen Fall festzustellen, wenn die eine oder andere Art von Pließtscheiben benutzt werden soll. Hier spielt die Höhe des Lederkranzes, die Auswahl der Ledersorte und sogar der betreffende Teil der Haut eine wichtige Rolle. Abb. 46 stellt eine Scheibe aus Pappelholz zum Blaupließten von Tafelmessern usw. dar, während Abb. 47 eine Pließtscheibe mit Lederflachbezug zeigt.

Der Lederkranz wird mit Kornschmirgel oder geschlämmtem Schmirgel beleimt, und zwar je nach dem Verwendungszweck. In der Stahlwarenindustrie wird der geschlämmte Schmirgel bevorzugt. Um ein sachgemäßes Beleimen vorzunehmen, ist ein guter, klarer und durchsichtiger Lederleim zu verwenden, und zwar muß die Scheibe vor dem Beleimen etwas angewärmt werden. Man schüttet in die kochende, heiße Leimlösung unter ständigem Umrühren so viel Schmirgel, bis sie die Eigenschaft einer gebrauchsfertigen Ölanstrichfarbe hat. Befindet sich zu wenig Leim in der Mischung, so fliegt bei der Arbeit die Scheibe

Abb. 46. Pließtscheibe aus Pappelholz zum Blaupließten von Tafelmessern usw.

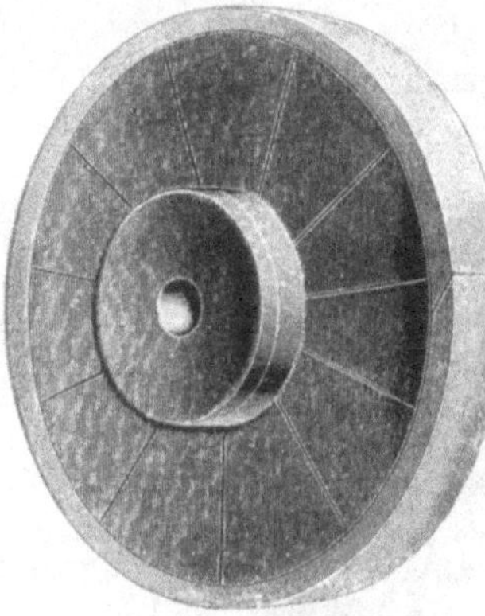

Abb. 47. Pließtscheibe (sternförmig verleimt) mit Flachlederbezug.

aus, d. h. der Grund löst sich und die Stücke brechen aus. Wird hingegen zuviel Leim in die Mischung getan, so schneidet die Pließtscheibe nicht und bekommt Risse. Je nach Verwendungszweck und Korngröße kann etwa 2—8 mal „drumgeleimt" werden.

Wichtig ist auch die Temperatur in dem Raum, in dem das Beleimen vorgenommen wird. Man hat gefunden, daß die verschiedenen Anstriche sich am besten in einem trockenen, etwa 20—24° C warmen Raum verbinden. Man läßt die Scheibe etwas antrocknen und streicht dann mit dem Finger darüber. Der Schmirgel streicht sich dabei nach oben. Man nennt dies „offengestrichen". Ehe ein neuer Anstrich erfolgen kann, muß der alte erst gut trocken sein, und zwar trägt man die Lösung kochend heiß durch einen nicht zu steifen Borstenpinsel auf das Leder auf und streicht mit einem Messer das an den Seitenflächen überfließende Material vor jedem neuen Anstrich ab. Bei feineren Sorten braucht die Leimlösung nicht so stark zu sein wie bei gröberen Schmirgelsorten.

Die Pließtscheibe muß etwa 3—4 Tage trocknen, ehe der aufgetragene Schmirgel vollkommen trocken und die Pließtscheibe in Gebrauch genommen werden kann.

Die beleimte Scheibe muß beim Pließten erst angesetzt, d. h. die harte Scheibe langsam lose gepließt werden. Die auf der Achse befestigte Scheibe wird noch einmal umleimt, um ihr den scharfen Schliff zu nehmen. Auch wird sie wohl geklopft und die Beleimung mit Öl bestrichen. Der Schleifer hält in manchen Fällen einen Ziegel vor der Benutzung vor die umlaufende Scheibe und pließtet Schmirgel und Öl ein, oder er dreht die Scheibe mit einem scharfen Meißel ab, je nachdem, ob ein Grob- oder Fein-, Klar- oder Blaupließten erfolgen soll.

In der Solinger Industrie werden grobe Schmirgelkörner auch dadurch aufgeleimt, daß man die mit einer kräftigen Leimlösung bestrichene Pließtscheibe über erwärmten Schmirgel rollt, der auf Papier ausgebreitet ist. Nach dem Trocknen werden dann die nicht haftenden Körner abgebürstet, worauf man dieses Verfahren mehrere Male wiederholen kann. Um dem Schmirgelkorn einen festen Halt zu geben, wird dann der letzte Überzug mit einer schwachen Leimlösung versehen.

Die Pließtscheiben werden auf gußeisernen Achsen aufgesteckt und festgeschlagen. Die Achsen ruhen in offenen Bleilagern, die ein Herausnehmen der Achsen leicht gestatten, da bei der Pließtarbeit die einzelnen Pließtscheiben häufig gewechselt werden müssen.

Das Auswuchten der Scheiben ist zur Erzielung eines ruhigen Ganges unbedingt erforderlich. Es geschieht auf einer sogenannten Stellachse. Durch Anbringung eines Stückchen Bleies als Gegengewicht beseitigt man den etwa vorhandenen Schwerpunkt der Scheibe.

Hat sich beim Pließten der Schmirgelüberzug abgenutzt, so wird er durch einen neuen ersetzt, und zwar wird der alte Belag durch Andrücken eines harten Schleifscheibenstückes an die trockene und langsam umlaufende Scheibe beseitigt.

Neuerdings ist auch mit der Ksisolit-Lederscheibe ein neuer Poliermittelträger auf den Markt gekommen, der nachstehend ausführlich beschrieben wird.

Ksisolit-Schleif- und Poliermittelträger.

Mit der Ksisolit-Lederscheibe, deren Umfang oder Breitseite mit Schleif- oder Poliermitteln der verschiedensten Körnung versehen wird, ist ein neuer, harter bzw. mittelharter Schleif- und Poliermittelträger aus Leder in organischer Bindung auf den Markt gekommen, der folgende Vorzüge aufweist:

1. völlige Unempfindlichkeit gegen atmosphärische Einflüsse,
2. jederzeitiges einwandfreies Rundlaufen,
3. gleichmäßiges Gefüge, gleichmäßige Härte und gleichmäßige Abnutzung, keinerlei Abflachen oder Ausfransen der Kanten,
4. geeignet für Horizontal- und Vertikalschliff,
5. leichte Bearbeitbarkeit.

Ihr Hauptanwendungsgebiet liegt bei denjenigen Verfahren der Oberflächenverfeinerung durch Blankschleifen, wo eine hohe Oberflächengüte ohne besondere geometrische Genauigkeitsansprüche verlangt wird. Bekanntlich hängt die Erzielung einer guten Oberfläche im Polierprozeß von der Güte der Polierscheibe, der Art und Feinheit des Poliermittels und der Umfangsgeschwindigkeit ab. In den Unfallverhütungsvorschriften für Metallbearbeitungsmaschinen heißt es in § 25: „Hölzerne Schleif- und Polierscheiben müssen aus mehreren, querverleimten Furnieren oder Einzelscheiben (Dickten) bestehen. Einzelscheiben, die aus Stücken zusammengesetzt sind, müssen mit versetzten Fugen aufeinandergeleimt sein.“ Da die Ksisolit-Lederscheibe keinerlei Holzkern besitzt, war es nur erforderlich, durch Sprengversuche die Fliehkraftwirkung festzustellen und die Scheiben vor der Ablieferung einem entsprechenden Probelauf zu unterziehen.

Soweit es sich um eine massive Scheibe handelt, wird sie der besseren Führung wegen mit zwei Backen aus sich nicht verziehendem Sperrholz versehen. — Scheibenkränze für diejenigen Fälle, in denen auf die Umfangsgeschwindigkeit großer Wert gelegt wird, werden in solchen Abmessungen geliefert, daß der Kranz dann als verbraucht angesehen wird, wenn bei gleichbleibender Drehzahl die Umfangsgeschwindigkeit sich um 25% verringert hat. In den meisten Fällen ist eine Drehzahlregelung an den Schleifböcken nicht möglich, so daß bei fortschreitender Abnutzung die Umfangsgeschwindigkeit für manche Polierarbeiten zu gering werden würde, wollte man eine massive Scheibe bis zur Büchse verwerten!

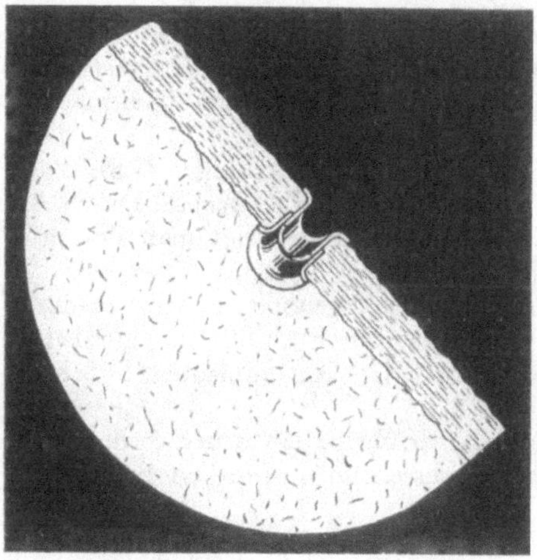
Abb. 48. Ksisolit-Lederscheibe.

Eine Sonderbefestigung mit zwei Leichtmetallflanschen, die gegenüber dem Holz den Vorteil haben, daß sie sich nicht verziehen und somit für einen runden Lauf die beste Gewähr bieten, gestattet eine von jedem Schleifer und Polierer leicht vorzunehmende Auswechselung. — Bei der Holz-Lederscheibe muß in jedem Fall die Holzscheibe zur Wiederbelederung eingesandt werden. Reibungsloser Ausbau ist dadurch stets gewährleistet.

An der Technischen Hochschule Stuttgart wurden Versuche über Fliehkraftwirkung und Zerreißfestigkeit mit der neuen Polierscheibe vorgenommen. Diese Versuche ergaben bei massiven Scheiben Höchstumfangsgeschwindigkeiten bis zu 108 m/s. Wenn massive Scheiben normalerweise für Höchstumfangsgeschwindigkeiten bis zu 35 m/s verwendet werden, so ist der Sicherheitsfaktor äußerst günstig, und zwar wegen des geringen spezifischen Gewichtes (etwa 0,55), der großen Gleichmäßigkeit in der Dichte des Gefüges, der organischen Verbindung der einzelnen Lederteilchen untereinander und der großen Unempfindlichkeit gegen Stöße usw.

Unempfindlich gegen atmosphärische Einflüsse saugt sie aus der Luft keinerlei Feuchtigkeit an, verzieht sich und wirft sich also auf keinen Fall. Das ist die Grundvoraussetzung für ein stets gleichmäßiges Rundlaufen, Vorbedingung für eine gleichmäßige, einwandfreie Polierarbeit. Dank dieser Unempfindlichkeit ist aber auch ein Schmieren durch eine Veränderung im Gefüge ausgeschlossen. Sie ist gleichgut geeignet für Horizontal- wie für Vertikalschliff und kann jederzeit im einen wie im anderen Fall mit derselben Einfachheit abgezogen werden. Die Homogenität von Ksisolit, der als deutscher Werkstoff angesprochen werden kann, und damit verbunden die große Regelmäßigkeit in der Dichte bedingen, daß die Kanten jederzeit gehalten werden und nicht ausfransen oder abflachen. Die Porigkeit verbürgt eine stets griffige Scheibe, denn die Fliehkraftwirkung bedingt, daß durch das Offenerwerden des Trägers feine Risse in der Leimschicht entstehen, wodurch den einzelnen Körnern ein sehr günstiger Wirkungsgrad gesichert ist.

Wie bereits erwähnt, laufen die Ksisolit-Polierscheiben jederzeit vollkommen rund ohne Rücksicht auf hohe Drehzahlen. Man kann diese Art von Scheiben leicht abdrehen, und zwar durch bloßes Hinhalten eines scharfen Gegenstandes an der Seite. Wird mit der Planseite gearbeitet, so kann ebenfalls genau so leicht abgedreht werden wie beim Arbeiten mit der Stirnseite der Polierscheibe. Um ein einwandfreies Haften des Poliermittelbelages zu gewährleisten, empfiehlt es sich, die Scheiben vorzuleimen.

Die Größe der Leistung und der zeitliche Verlauf der Arbeit sind vom Werkstoff abhängig. Die Leistung steigt zwar bei einer größeren Scheibenhärte und zunehmender Korngröße stark an, in gleicher Weise sinkt aber auch die Oberflächenfeinheit des bearbeiteten Werkstückes, so daß für die nachfolgende Polierzeit ein größerer Zeitraum erforderlich ist. Es erfordern daher harte Scheiben wegen der gleichzeitigen Einschränkung des Körnungsbereiches im Hinblick auf die Oberflächenfeinheit eine sorgfältige Auswahl.

Ksisolit eignet sich nun für das Vorpolieren, Feuern oder Pließten, wo es sich um vorgeschliffene oder ungeschliffene Flächen handelt, und zwar ist dies jeweils nur eine Frage der zur Verwendung gelangenden Korngröße.

Was nun die Beleimung der Ksisolit-Polierscheibe anbetrifft, so ist bei Verwendung von gröberem Schleifkorn folgendes zu beachten:

Die Vorpolierscheiben werden mit gutem, zähem, heißem Leim bestrichen und in den Schleifkörnern gerollt. Der Leim muß frisch, gleichmäßig, widerstandsfähig gegen Hitze, zäh und weich sein, da harter und spröder Leim zum Reißen und Brechen neigt. Nach den RAL Nr. 603 A 2 und AWF Betriebsblatt Nr. 30 besteht hinsichtlich des Verhältnisses von Leim, Schleifmittel und Wasser folgende Vorschrift:

Körnung	Gramm trockenen Leims auf 100 g Schleifmittel	Kilogramm Wasser auf 1 kg trockenen Leim
36	45 g	1,22 kg
46	40 g	1,50 kg
60	35 g	1,86 kg
90	33 g	2,00 kg
120	30 g	2,30 kg
150	25 g	2,60 kg

Für kleinere Schleifkörner ist die Verwendung eines dünneren Leims erforderlich. Zu viel und zu dicker Leim bettet das Schleifkorn zu tief, während bei gröberen Schleifkörnern ein zu dünner Leim nicht den erforderlichen Halt gibt. Für Polierscheiben eignet sich Hautleim am allerbesten. Wenn mehrere Schichten Schleifkorn übereinander gelagert werden, so werden zweckmäßig die nächsten Schichten mit dünnerem Leim aufgetragen.

Bei Verwendung von einem feinen Schleifkorn ist es empfehlenswert, einen Brei von Leim mit Schleifkorn herzustellen und ihn heiß mit einem Pinsel aufzutragen, weil dadurch eine dickere Schicht entsteht, die eine längere Benutzung gestattet. Das Vorleimen der Scheiben erhöht den Halt der einzelnen Schichten. Auch verwende man stets frischen Leim, da ein häufiges Wiederaufwärmen des Leims die Zähigkeit desselben ungünstig beeinflußt. Zweckmäßig verwendet man destilliertes oder Regenwasser, denn gewöhnliches Leitungswasser ist meist kalkhaltig. Die Auflösung und Zähigkeit des Leims wird hierdurch erheblich beeinträchtigt.

Zweckmäßig wird der Leim vor dem Kochen 3 Stunden in Wasser von 20° C eingeweicht, damit er sich voll Wasser saugt und sich dann leichter löst. Der Leimtiegel darf nur im Wasserbad angewärmt werden. Auch muß die Kochtemperatur genau eingehalten werden, und zwar darf sie nicht über 60° C betragen. Die Scheiben wärmt man zweckmäßig auf etwa 45° und die Schleifmittel auf 60—65° C vor, um Hautbildung durch Berühren des heißen Leims mit kalten Flächen zu vermeiden.

Die fertigen Ksisolitscheiben müssen etwa 48 Stunden bei Zimmertemperatur trocknen.

Was nun die Verwendung der Ksisolitscheiben anbetrifft, so muß hervorgehoben werden, daß sich diese Art von Scheiben besonders für Stahl eignet, und zwar für Messer und Scheren, Stichwaffen zum Vorpolieren, Feuern oder Pließten, für Erzeugnisse der feinmechanischen Industrie, wie z. B. chirurgische Instrumente. Hier muß eine harte Scheibe Verwendung finden. Gleicherweise eignet sich diese Art von Scheiben für Meßwerkzeuge wie Lehren, blanke Werkzeuge wie Schraubenzieher. Eine sehr harte Scheibe findet zum Polieren von Pistolenläufen Anwendung. Ferner werden Fahrradteile, soweit sie nicht gefilzt oder geschwabbelt werden, mit der Ksisolitscheibe bearbeitet, und zwar besonders Kettenräder und Pedale.

Im Flächenschliff eignet sich die Ksisolitscheibe zum Vorpolieren ungeschliffener oder geschliffener Flächen wie von Herdplatten, Geldschränken usw., bei denen an den Beschlägen die Kanten gehalten werden müssen.

In der Galvanotechnik wird die Ksisolitscheibe zum Blank- und Vorpolieren sämtlicher Metallteile verwendet, soweit eine harte Scheibe in Frage kommt. Messingpreßteile von 0,3 mm Stärke eignen sich allerdings nicht für diese Art von Schleifscheiben; die Schwabbelscheibe findet hierfür Verwendung.

Stoff-Polierscheiben.

Die Gleichmäßigkeit einer beabsichtigten Polierwirkung bedingt die Notwendigkeit der Verwendung von Scheibenstoffen von gleichmäßiger, der jeweiligen Art der Polierarbeit angepaßten Zusammensetzung und Beschaffenheit, wie Dichtigkeit des Gewebes, Fadenstärke, Einheitsgewicht; die Festigkeits- und Zähigkeitseigenschaften des Gewebes im Verein mit seiner erforderlichen Widerstandsfähigkeit gegen zu schnellen Verschleiß schreiben die Verwendung hochwertiger Gewebe von gleichmäßiger, möglichst großer Faserlänge, hoher Zerreißfestigkeit und nicht zu starker, aber auch nicht zu schwacher Zwirnung vor. Die Gleichmäßigkeit in der Beschaffenheit des Gewebes spielt eine besondere Rolle für die Gleichmäßigkeit der Gewichtsverteilung oder den Gewichtsausgleich der Schwabbelscheiben, der die Sauberkeit und Feinheit der Polierwirkung beeinflußt; die Gleichmäßigkeit der Abnutzung der Scheiben hängt von der Gleichmäßigkeit in Stärke, Drillung und Zerreißfestigkeit der Fäden sowohl in der Kett- wie in der Schußrichtung, die Aufnahmefähigkeit des Gewebes für die lose aufgetragene oder durch Fett gebundene Poliermasse von seiner Dichtigkeit, gemessen durch die Anzahl der Fäden auf einen Quadratzentimeter bzw. auf einen Quadratzoll ab.

Zu diesen mit Rücksicht auf den Verwendungszweck gegebenen Anforderungen an die Güte des Gewebes, Faserlänge, Garnstärke und -dichte, Einheitsgewicht und Zerreißfestigkeit treten dann noch Anforderungen in bezug auf Scheibenabmessungen (Außendurchmesser, Bohrung), bei denen einerseits auf die vorteilhafteste Umfangsgeschwindigkeit der Scheiben, den Antrieb der Poliermaschinen und die Maschinenspindeldurchmesser, andererseits auf die gangbarsten Stoffbreiten und den geringmöglichsten Abfall beim Zuschneiden der Scheiben Rücksicht zu nehmen ist. Die Wirtschaftlichkeit der Scheibenherstellung erfordert, daß man sich in der Zahl der Durchmesserabstufungen einschränkt, damit man beim Massenstanzen der Scheiben mit verhältnismäßig wenigen Gesenken auskommen kann, und zur Verringerung des Stoffabfalles sind die Durchmessermaße so zu wählen, daß sich eine restlose Ausnutzung der vorhandenen Stoffbreiten ermöglichen läßt. Ebenso ist eine durchgreifende Vereinheitlichung in der Herstellung der Gewebe mit Bezug auf Fadenstärke und -dichte sowie Einheitsgewicht unter sorgfältiger Innehaltung von Vorschriften über Festigkeits- und Zähigkeitseigenschaften des verwendeten Garnes unerläßlich, wenn eine gleichmäßige, auf den jeweiligen Zweck zugeschnittene Polierwirkung erzielt werden soll. Selbst wenn Fadendichte und Einheitsgewicht nach Vorschrift innegehalten werden, können andere Abweichungen in der Fadenstärke, in der Faserlänge, in der Faserfestigkeit und anderes vorliegen, die die Tauglichkeit der aus einem solchen Stoff verarbeiteten Scheiben beeinträchtigen oder die Gleichmäßigkeit der Polierwirkung in Frage stellen. Den Scheibenfabrikanten trifft hier keinesfalls die Schuld. Er muß die Stoffe so verwenden, wie er sie bezieht. Er wird bemüht sein, aus der Vielartigkeit der ihm angebotenen Stoffe diejenigen auszuwählen, die ihm auf Grund eigener Erfahrungen als die brauchbarsten und den anzustrebenden Normen am nächsten liegenden erscheinen.

Nach den von dem Reichsausschuß für Lieferbedingungen beim Reichskuratorium für Wirtschaftlichkeit festgesetzten Bedingungen sind Polierscheiben aus Geweben lose oder durch Nähte zusammengehaltene, kreisrunde Scheiben, die in der Mitte mit einer Bohrung zum Aufsetzen auf die Poliermaschine versehen werden. Es gibt drei Sorten: Schwabbelscheiben, Flatterscheiben und enggenähte Polierscheiben. Die erste Art besteht aus losen, vollrunden Blättern, die zweite Art Scheiben ist mit 1—3 Kreisnähten, meist in gleichen Abständen verteilt, versehen und besteht aus größeren Stücken. Die dritte Art wird aus kleineren Stücken, welche bis zu einer Dicke von 20—25 mm übereinandergelegt werden, zusammengesetzt. Als Deckblatt befindet sich oben und unten meist je ein vollrundes Blatt, die Scheiben sind kreisförmig in Nahtabstand von 10—20 mm gesteppt.

Bei allen drei Arten werden harte, mittelharte und weiche Scheiben unterschieden. Ein enggenähter, fester Nessel und Köper werden als Stoff für die harten Scheiben, während lockerer gewebter, feinfädiger bzw. dicker weichfädiger Nessel und Köper, Flanell, Biber, Tuch, Weißkattun, Buntkattun, Barchent usw. für weiche Scheiben benutzt werden. Harte und weiche Stoffarten werden auch zur Erzielung mittelharter Scheiben gemischt.

Die Schwabbel-, Flatter- und enggenähten Polierscheiben können außer in Neumaterial auch aus sauberem Altmaterial hergestellt werden, es besteht nur

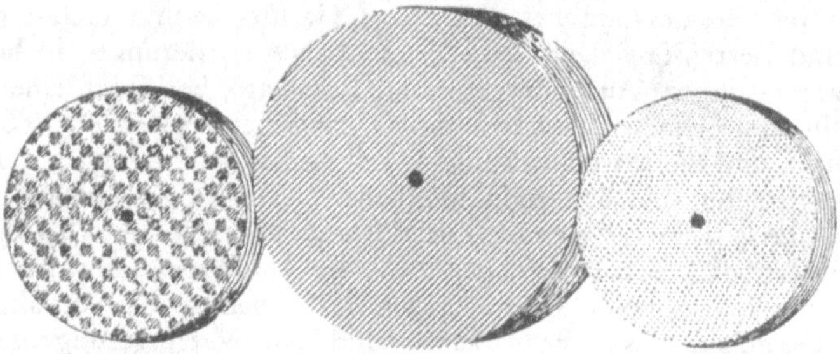

Abb. 49. Kattun-, Köper- und Nesselscheibe.

die Bedingung, daß sie ein haltbares Gewebe darstellen. Die zur Verwendung gelangenden Gewebeteile müssen frei von Knöpfen, Haken, Ösen und sonstigen störenden Bestandteilen sein und möglichst wenig Nähte enthalten. Wird Altmaterial verwendet, so muß dasselbe gewaschen und desinfiziert sein.

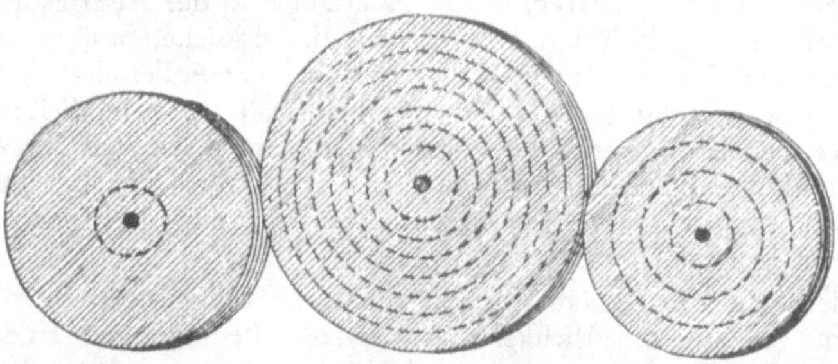

Abb. 50, 51 u. 52. Flatter-, enggenähte und weitgenähte Polierscheibe.

Die Abb. 49 zeigt links eine Scheibe aus Kattun, in der Mitte eine Köperscheibe und rechts eine Scheibe aus Nessel, während in Abb. 50 links eine Flatterscheibe, in Abb. 51 in der Mitte eine enggenähte und in Abb. 52 rechts eine weitgenähte Scheibe dargestellt sind.

Was den Feuchtigkeitsgehalt anbetrifft, so muß darauf geachtet werden, daß die Polierscheiben nicht mehr Feuchtigkeit enthalten, als sie aus der Atmosphäre anziehen, jedoch dürfen sie auch nicht zu trocken sein.

Verwendungszwecke der Stoffpolierscheiben.

1. Enggenähte Stoffpolierscheiben (mit 1 oder 2 cm Steppkreisabstand). Diese Scheiben dienen:

a) Als Feuerscheiben. Die Scheiben werden zu diesem Zweck mit Kornschmirgel nach dem bereits in dem Abschnitt „Filzscheiben" und „Pließtscheiben" dargestellten Verfahren beleimt und nach völligem Austrocknen der Leimschicht genau so zum Feuern, d. h. Vorschleifen von Eisen-, Stahl-, Bronzeguß- usw. Gegenständen verwendet, wie die beiden genannten Scheibenarten.

Da die Stoffscheiben nur in einer Dicke von 2 bis 2,5 cm Höchstmaß gefertigt werden können, werden bei erforderlicher größerer Arbeitsbreite von zum Beispiel 10 cm vier oder fünf genähte Scheiben aneinander geleimt, teilweise werden ganze Walzen entweder zusammengeleimt oder lose aneinandergereiht auf Vierkantachsen befestigt, zum Beispiel bei der Bearbeitung von Blechen.

Die Härte der Stoffpolierscheiben kann nach Bedarf bei diesen Feuerscheiben sehr unterschiedlich gestaltet werden, je nach der Verwendung harter, mittelweicher und weicher Stoffe, ferner je nach dem Steppkreisabstand. In besonderen Fällen kann ein Steppkreisabstand von nur ½ cm zur besonderen Festigung der Scheiben angewendet werden.

Die genähten Stoffscheiben als Feuerscheiben haben den besonderen Vorteil der Billigkeit und Wirtschaftlichkeit gegenüber Filzscheiben und Lederscheiben, außer dem bereits erwähnten Vorteil der Erzielung jeder erforderlichen Elastizität. Es leuchtet ohne weiteres ein, daß zum Beispiel eine Filzscheibe, die sich auch in weicher Beschaffenheit herstellen läßt, im Falle starken Gebrauches eher in ihrem weichen Zustande zum Auseinanderreißen neigt als eine Stoffpolierscheibe, die trotz weicher Beschaffenheit infolge der Befestigung, Verspinnung und Verwebung der Fäden sowie infolge der kreisförmigen Vernähung einen wesentlich besseren Halt hat. Zu bemerken ist noch, daß sich für schmale Bearbeitungsstellen die Stoffscheiben auch in dünnerer Stärke von 10—20 mm nach Belieben herstellen lassen.

b) Als Vorpolierscheiben. Diese Vorpolierscheiben können ebenfalls in jeder beliebigen Härte gemäß dem verwendeten Stoff, Steppkreisabstand und Stichentfernung der einzelnen Nähstiche hergestellt werden. Im allgemeinen werden die Scheiben mit 1—2 cm Steppkreisabstand verwendet.

Zum Vorschleifen bzw. Vorpolieren von Stahl und Eisen verwendet man Vorschleifpasten (Schmirgelpasten) in verschiedener Schärfe.

Zum Vorschleifen und Vorpolieren von Messing, Kupfer, Bronze usw. verwendet man durchweg scharf angreifende Tripelkompositionen, ebenfalls zum Vorpolieren der heute vielfach verwendeten Leichtmetallegierungen. Für letztere sind außerdem in neuerer Zeit eine Anzahl Sonderpasten hergestellt worden aus hochwertigen Schleifpulvern unter Verwendung der üblichen Fette und Wachse als Bindemittel.

c) Als Fertigpolierscheiben. Als solche dienen sie ebenfalls zum Polieren von Messing, Kupfer, Neusilber, Leichtmetall sowohl vor dem Galvanisieren als auch nach dem Galvanisieren; insbesondere werden sie in großem Umfange für vernickelte Gegenstände verwendet; dies richtet sich jeweils nach der

Arbeitsweise der Schleifer. Während in einzelnen Gegenden zum Fertigpolieren nur lose Stoffpolierscheiben Verwendung finden, ist in anderen Gegenden hierfür der Gebrauch von weitgenähten oder einmal genähten Flatterscheiben und in wieder anderen Betrieben der Gebrauch der eng- bzw. normalgenähten Stoffpolierscheiben mit 1 bis 2 cm Steppkreisabstand durchaus üblich und hat sich wegen der Billigkeit der Scheiben bewährt.

Beim Fertigpolieren mit enggenähten Scheiben ist größere Vorsicht nötig als beim Fertigpolieren mit losen Scheiben, da beim Abnutzen genähter Scheiben die Stoffscheiben härter werden, wenn der Scheibenrand an den Steppkreis zurückgeht. Beim Polieren galvanischer Überzüge muß daher auf rechtzeitiges Öffnen der Steppkreise geachtet werden, um ein Durchpolieren der Überzüge zu vermeiden.

Als Polierpasta kommen die verschiedensten Hochglanzpasten in Betracht.

2. Flatterscheiben (mit einem bis mehreren Steppkreisen; weitgenähte Scheiben).

Diese Scheiben dienen:

a) Als Vorpolierscheiben. Je nach den zu bearbeitenden Gegenständen werden unterschiedliche Stoffsorten verwendet. Im übrigen gilt das gleiche für diese Scheiben wie für die enggenähten Vorpolierscheiben.

b) Als Fertigpolierscheiben. Die Verwendung erfolgt wie bei den enggenähten Scheiben.

3. Lose Stoffpolierscheiben (Schwabbelscheiben). Diese Scheiben bestehen normalerweise aus vollrunden Einzelblättern. Sie dienen:

a) als Vorpolierscheiben, wie im vorstehenden geschildert,

b) als Fertigpolierscheiben,

c) als Abklärscheiben.

Je nach dem zu verarbeitenden Material und dem Arbeitszweck werden schärfer schneidende oder weicher wirkende Stoffe verwendet, wobei zu sagen ist, daß es sehr wohl vorkommt, daß ein Stoff, der zum Hochglanzpolieren irgendeines Metalls geeignet ist, für andere Metalle zum Vorpolieren Verwendung findet. Die gesamten Stoffpolierscheiben dienen in erster Linie zur Bearbeitung von Metallen, doch werden sie auch in größerem Umfange zur Bearbeitung von Horn, Elfenbein, Zelluloid, Kunsthorn, Kunstharz, Bakelite und sonstigen Kunststoffen, ferner zum Bearbeiten von rohem Holz und lackierten Holzgegenständen verwendet. Gerade in neuerer Zeit, wo die Verarbeitung von Kunstpreßstoffen für die verschiedenartigsten Erzeugnisse erheblichen Umfang angenommen hat, hat die Polierscheiben- und Poliermittelindustrie einen regen Anteil an der Ausbreitung dieser Industrie genommen, da das Polieren der betreffenden Erzeugnisse den Hauptarbeitsvorgang nach dem Pressen darstellt.

Die für Stoffpolierscheiben gebräuchlichen Stoffarten sind folgende:

1. Harte Schleifstoffe. Hart appretierter Nessel und Köper, geeignet zum Vorschleifen und Vorpolieren von Messing und Bronzeguß, Stahl, Eisen, Nirosta.

2. Mittelharte Vorpolierstoffe. Leicht appretierte Nessel und Köper, enggewebte, feste Nessel- und Köperrohgewebe. Diese dienen zum Vorpolieren von Messing, Kupfer, Neusilber, Aluminium und Leichtmetallegierungen.

3. Mittelweiche Polierstoffe. Locker gewebte, feinfädige bzw. dickere weichfädige Nessel- und Köperstoffe. Diese dienen zum Fertigpolieren aller Artikel.

4. Weiche Polierstoffe. Ganz locker gewebter, feinfädiger Nessel, ferner gerauhte weiche Flanellstoffe (Biber und Barchent). Diese dienen zum Abklären von Metallen sowie zum Polieren von Horn, Elfenbein, Bein, Zelluloid, Galalith, Bakelite und sonstigen Kunststoffen.

Normalerweise werden neue Stoffe verwendet. In vielen Betrieben hat sich aber die Verwendung von Altstoffen eingebürgert, welche teilweise die Polierarbeiten verbilligen, in anderen Fällen aber geeigneter als Neustoffe sind. Als hauptsächlichste Altstoffe kommen in Frage:

I. Harte und mittelharte Stoffe: Zeltbahn und Segeltuch, ferner Abfallstoffe, die in industriellen Betrieben anfallen, sowie Manchester- und Hosenstoffe.

II. Mittelweiche Polierstoffe: Militärfutter, Militärtuch, blau, schwarz und feldgrau, Inlett, Barchent, einzelne Segeltuchsorten, Ziviltuch.

III. Weiche Polierstoffe: Kattun, gewaschen, bunt und weiß.

Außer den vorbezeichneten neuen und alten Stoffen werden in der Polierscheibenindustrie auch vielfach Restestoffe verarbeitet, welche in der Textilindustrie (Webereien und Konfektion) anfallen, die je nach Größe für lose, Flatter- und genähte Scheiben Verwendung finden. In vielen Fällen sind Scheiben aus hochwertigen Resten (obwohl billiger) besser geeignet als die normalen, für Polierzwecke besonders hergestellten Nessel- und Köperstoffe. Es ist für Polierzwecke schließlich gleichgültig, ob der zur Herstellung der Scheiben dienende Stoff besonders neu gewebt ist oder ob verfügbare Reste verwendet werden. Ausschlaggebend ist für den Verbraucher Preis und Leistung der gekauften Scheiben, und es empfiehlt sich, daß von der Polierscheibenfabrik unter näherer Angabe des Verwendungszweckes, der Arbeitsweise und der zu polierenden Gegenstände auf geeignete Scheiben hingewiesen wird und daß man dieselben ausprobiert und auf Wirtschaftlichkeit prüft.

Normalerweise beziehen Großverbraucher die Stoffpolierscheiben zu Kilopreisen. Normale Größen sind für die allgemeine Metallindustrie solche von 25 bis 50 cm Durchmesser mit 5 cm Steigung. Für Besteckfabriken und die Bijouterieindustrie kommen auch kleinere Scheiben in Frage von 7 bis 20 cm Durchmesser. Diese kleinen Scheiben werden bei Großbezügen auch kiloweise, jedoch mit einem Preisaufschlag für kleine Größen, verkauft.

In der Bijouteriebranche sind vielfach Scheiben üblich, die nicht zwischen Flanschen auf Poliermaschinen aufgespannt werden, sondern auf kegelige Gewindespitzen aufgedrückt werden. Um diesen einen festen Halt auf der Maschine zu geben, versieht man sie mit verstärktem Kern um das kleine Spindelloch. Die Verstärkung erfolgt durch beiderseitiges Aufnieten kleiner Lederscheiben oder Anbringen eines Holzkernes bzw. Metallkernes.

In der Besteckindustrie werden vielfach kleine Polierscheiben in loser Ausführung zur Innenbearbeitung von Löffeln und Gabeln verwendet, jedoch an den Seiten mit Hartpappflanschen versteift. Solche Scheiben haben den Vorteil, daß sie trotz Abnutzung immer gleichmäßig fest bleiben, da die Pappflanschen nach Bedarf abgeritzt werden.

Die **Arbeitsgeschwindigkeit** der Polierscheiben beträgt durchschnittlich 30 bis 50 m/sec bzw. arbeiten Scheiben von 40 cm Durchmesser mit 1500 bis 2500 Umdrehungen in der Minute. In einzelnen Industrien sind jedoch besonders schnellaufende Maschinen in Betrieb, welche mit 3000 Umdrehungen bei 50 cm Scheibendurchmesser arbeiten, also mit fast 80 m Arbeitsgeschwindigkeit. Bei diesen Scheiben wäre ein Verbrennen des Gewebes fast unvermeidlich; der hierzu verwendete Stoff wird aber gegen Brand besonders imprägniert.

Hin und wieder hört man von Scheibenverbrauchern darüber Klage führen, daß ihre Stoffscheiben trotz normaler Umlaufszahl zum Anbrennen gekommen sind. Nur wenn es sich um eine unsachgemäße Behandlung der Polierscheibe infolge zu starken Andrückens gegen das Arbeitsstück handelt, ist es denkbar, daß sich unter einem solchen unzulässig hohen Druck die mit dem Arbeitsstück zur Berührung kommenden Stoffteile fortwährend schnell gegeneinander tangential umlegen und nach dem Verlassen des Arbeitsstückes wieder in ihre normale Lage zurückschwingen, wobei die verschiedenen benachbarten Stoff-Fasern sich untereinander reiben und sich die erzeugte innere Faserreibung in Wärme umsetzt, die in der Mitte der Scheibe mehr zur Wirkung zu kommen scheint als an der Stirnfläche. Wenn es vorkommt, daß eine Stoffscheibe anbrennt, so ist dies immer ein Zeichen dafür, daß für den vorliegenden Zweck entweder ein nicht geeigneter, zu leichter Stoff oder eine zu trockene Poliermasse verwendet wurden, welch letztere sich nicht oder nicht genügend in die Fasern des Gewebes einbettet. Der Polierer wird in beiden Fällen versuchen, die Scheibe durch Steigern des Anpressungsdruckes zum Schneiden zu bringen bzw. ihre nicht genügende Schneidleistung zu erhöhen. Die Poliermasse wird er dabei leicht ganz aus dem Stoff herausdrücken, so daß letzterer unmittelbar mit dem Arbeitsstück in Berührung kommt und die Reibwirkung direkt auf den trockenen Stoff übertragen wird. Wird der hohe Anpressungsdruck ziemlich lange fortgesetzt, so kann sich, wenn für keine Kühlpausen gesorgt wird, soviel Wärmemenge anhäufen, daß es zu einem Anbrennen der Stoffscheibe kommen kann.

Zur Herstellung von hochwertigen Schwabbelscheiben aus Nessel, Köper usw. gehören jahrzehntelange praktische Erfahrungen und Forschungen auf dem Gebiete des Metallpolierens, außerdem gehört dazu eine genaue Kenntnis der Anforderungen, die für Metallpolierzwecke hinsichtlich Güte, Stärke und Webart des verwendeten Garns gestellt werden müssen.

Nachstehend sind die annähernden Gewichte für Nessel- und Köperscheiben in Kilogramm bei einer Breite von etwa 25 mm angegeben:

Durchmesser mm	150	200	250	300	350	400	450	500	550	600
Nessel lose	0,210	0,360	0,575	0,770	1,100	1,430	1,820	2,210	2,680	3,360
genäht . . .	0,220	0,375	0,600	0,800	1,155	1,510	1,895	2,320	2,840	3,570
Köper lose	0,240	0,430	0,680	0,940	1,350	1,670	2,150	2,670	3,330	4,020
genäht . . .	0,250	0,450	0,715	0,970	1,410	1,760	2,280	2,790	3,520	4,250

Vorstehende Maße sind nur für einzelne Sorten Nessel und Köper maßgebend. Es gibt jedoch auch fester gewebte und mithin schwerere Sorten; ebenso sind die für einzelne Zwecke erforderlichen appretierten Scheiben durchweg schwerer.

Lammfellpolierscheiben.

Zur Politur von Lacküberzügen werden Lammfellscheiben verwendet, welche auf dem elastischen Planschleifteller (Abb. 56) und dem Winkelgetriebe (Abb. 54) zur Bearbeitung von Flächen benutzt werden. Die Lammfellscheiben haben in der Regel einen Durchmesser von 175 mm (Abb. 55).

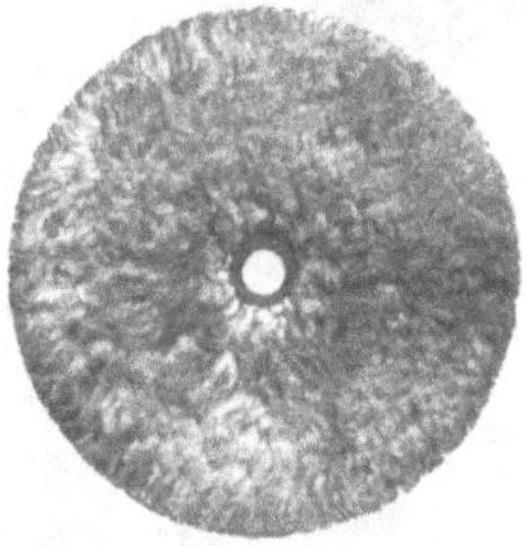

Abb. 53.
Lammfellpolierscheibe.

Abb. 54.
Winkelgetriebe GE.

Abb. 55. Lammfellscheibe auf Filzscheibe.

Zum Polieren von Lacküberzügen wird auch eine Lammfellscheibe (Abb. 55), welche auf einer Filzscheibe befestigt ist, verwendet. Die Filzscheibe wird mittels eines Schraubflansches (Abb. 57) auf dem Winkelgetriebe befestigt.

In Abb. 58 wird das Hochglanzpolieren eines Lacküberzuges dargestellt.

Die in der Abb. 59 gezeigte elastische Schleifbandscheibe (DRGM.) ist für feine Schleif- und Polierarbeiten an Metallen vorzüglich geeignet, da sie einen sehr zarten Schliff ergibt und ein großes Verwendungsgebiet besitzt.

Außer zur Metallbearbeitung kann diese Scheibe auch bei Verwendung geeigneter Schleifbänder zur Holzbearbeitung benutzt werden. Die Schleifbänder können in den verschiedensten Körnungen geliefert werden; meist finden drei Körnungen, fein, mittel und grob, Verwendung. Das Auswechseln der Bänder ist einfach. Nach Lösen einer Mutter können die Bänder leicht abgezogen werden. Der Gummikörper sowie die Druckteller sind kegelig

Abb. 56. Planschleifteller.

Abb. 57. Schraubflansch.

Abb. 58.
Hochglanzpolieren eines Lacküberzuges.

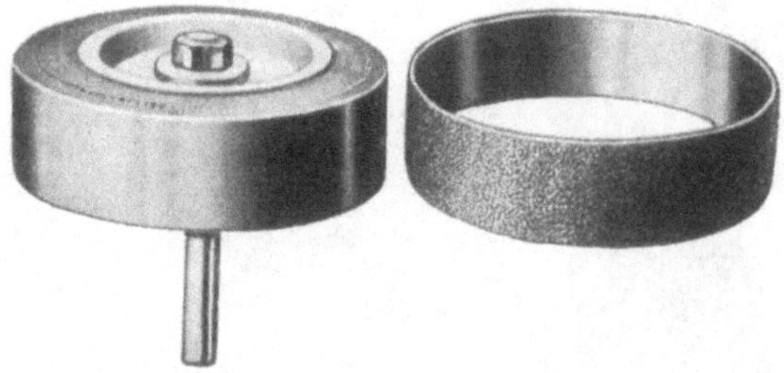

Abb. 59.
Elastische Schleifbandscheibe mit Schleifband.

Abb. 60. Schleifbandscheibe mit $^{3}/_{8}''$ Innengewinde.

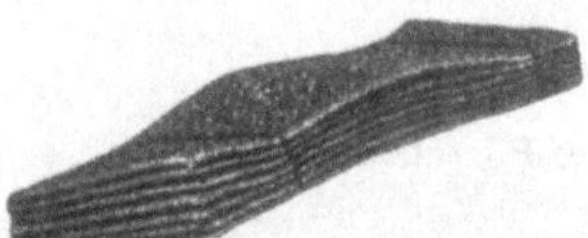

Abb. 61. Schleifbänder.

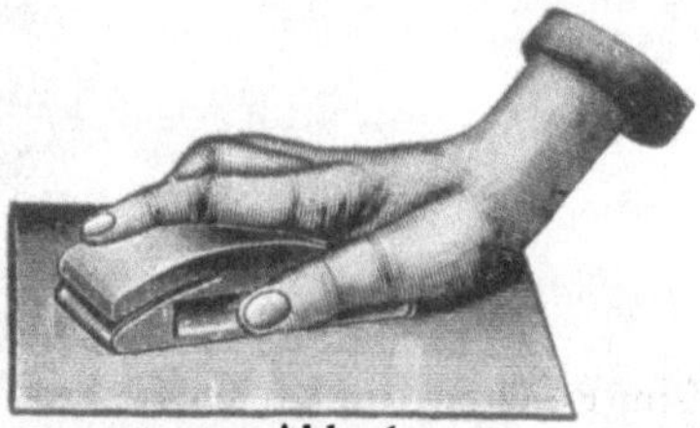

Abb. 62.
Nordgummi-Schleif- und Polierklotz.

gearbeitet, wodurch die große Elastizität der Scheibe erreicht und das Auswechseln der Schleifbänder sehr erleichtert wird.

Die Schleifbandscheiben nach Abb. 60 haben $^{3}/_{8}''$-Innengewinde und werden in Verbindung mit dem an Abb. 62 gezeigten Handstück verwendet. Abb. 61 zeigt die zur Benutzung gelangenden Schleifbänder.

Der in Abb. 62 gezeigte Schleif- und Polierklotz ist ein handliches Hilfsmittel beim Schleifen und Polieren; das Schleifpapier und Schleifleinen oder das Poliertuch lassen sich unter Durchdrücken von Drahtstiften schnell und sicher befestigen.

Der Klotz aus weichem Gummimaterial ist angenehm zu halten, er verhindert ein Ermüden der Hand beim Schleifen oder Polieren.

Die Filzscheiben.

Allgemeine Eigenschaften der Filzscheiben.

Polierscheiben aus Filz werden in vielen Fällen den unelastischen Scheiben aus natürlichen oder künstlichen Polierrohstoffen sowie Holzscheiben, Lederscheiben usw. vorgezogen, da sie in jeder erforderlichen Festigkeit hergestellt werden können.

Die richtige Wahl der Festigkeit spielt nämlich bei der Bearbeitung verschiedener Werkstoffe wie Metall, Stein, Holz, Glas, Kunstharz usw. eine ausschlaggebende Rolle.

Die je nach der gewählten Festigkeit vorhandene größere oder geringere Elastizität der Filzscheibe ermöglicht ein gutes Anschmiegen an die Werkstücksform. Ein weiterer Vorzug der Fizscheiben besteht darin, daß dieselben in jeder Feinheit, vom feinsten Merinowollfilz bis zum gröbsten Haarfilz hergestellt werden und sich dadurch der Feinheit des aufgetragenen Poliermittels anpassen können.

Herstellung der Filzscheiben.

Als Rohstoff für die Herstellung von Filzscheiben dient die Wolle des Schafes oder das Haar der Ziegen, Zickel, Kälber und Kühe. Die Feinheit des Filzes hängt von der Feinheit der verarbeiteten Wolle oder Haare ab. Wie groß der Unterschied in der Feinheit dieser Rohstoffe ist, geht aus den Abb. 63 und 64 hervor. Abb. 63 zeigt die Mikroaufnahmen einer Merinowolle, Feinheit AAA mit einem Haardurchmesser von etwa 20 μ (1/1000 mm).

Die Stärke eines groben Ziegenhaares (Abb. 64) beträgt dagegen 80—100 μ. Die Vergrößerung bei der Mikroaufnahme ist die gleiche.

Die Feinheit des Filzes läßt sich also in weiten Grenzen durch die Auswahl und Mischung der verarbeiteten Rohstoffe abstufen.

Zur Erzeugung eines guten Filzes ist es erforderlich, einen Rohstoff auszuwählen, welcher infolge seiner Länge und seiner Struktur alle Eigenschaften besitzt, die eine gute Filz- und Walkfähigkeit gewährleisten.

Der Filzprozeß ist ein Naturprozeß, der bedingt ist durch die Feinheit der Wolle bzw. Haare, sich zu ringeln und unter dem Einfluß von Wärme und wechselndem Druck sich zu festem Filz zusammenzuschließen. Das Verschlingen der einzelnen Fasern wird dadurch noch unterstützt, daß die Oberfläche der Woll- und Haarfasern Schuppen trägt, durch welche sich die einzelnen Fasern miteinander verhaken.

Die verschiedenen Wollarten, aus denen die Mischungen hergestellt werden, werden in Mischwölfen aufgelockert und gleichmäßig gemischt. Man nennt dies „Wolfen". Je nach der Güte und der Qualität des herzustellenden Filzes erfolgt das Wolfen einer Mischung mehrmals.

Der gewolfte Rohstoff wird nunmehr auf Krempeln zu einem hauchdünnen Flor verarbeitet, der in verschiedener Weise zu einem dicken Pelz aufgestapelt wird. Aus diesem Vlies von 5—10 cm Stärke werden nun die Scheiben und Tafeln in der Größe herausgeschnitten, die mehrfach so groß wie endgültige Maße der fertigen Filzscheiben sind. Diese Scheiben und Tafeln aus dem watteweichen Vlies kommen dann auf die Filzmaschine. In dieser verfilzen sich die einzelnen Fasern unter dem Einfluß von Druck und Wärme in Verbindung mit einer rüttelnden Bewegung miteinander.

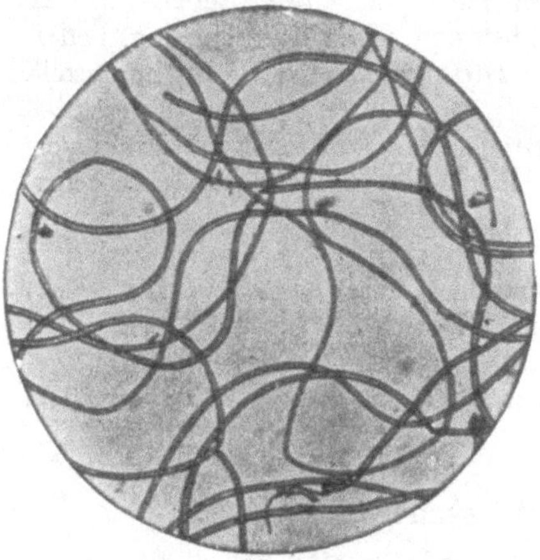

Abb. 63.
Merinowolle AA (Mikroaufnahme).

Abb. 64.
Grobes Ziegenhaar (Mikroaufnahme).

Die auf der Filzmaschine gefilzten Scheiben und Tafeln werden darauf auf Walken unter der Einwirkung von heißem Wasser von allen Seiten wechselndem Druck und Schlag ausgesetzt, so daß das auf der Filzmaschine eingeleitete Verfilzen immer weiter fortschreitet. Durch ein entsprechend langes, oft Tage in Anspruch nehmendes Walken kann der Filz zu einer absolut homogenen Masse von holzartiger, jedoch elastischer Beschaffenheit zusammengewalkt werden.

Voraussetzung für die Herstellung eines Filzes, der sich beim Polieren durch höchste Wirtschaftlichkeit auszeichnet, ist, daß die Festigkeit des Filzes ausschließlich durch Walken und nicht durch mechanisches Zusammenpressen der Fasern und unter Umständen durch Steifen erzeugt wird. Sobald die Filze auf das Endmaß gewalkt sind, wird das Wasser durch Schleudern entfernt und der Filz getrocknet.

Hieran anschließend werden die Filzscheiben oder -tafeln geschliffen und auf die vorgeschriebenen Maße abgedreht bzw. zu Filzwerkzeugen aller Art, ähnlich Holz, verarbeitet.

Verwendung des Filzes zum Polieren.

Filz findet in den verschiedensten Formen zum Polieren Verwendung. Die einfachste Form ist die Filzscheibe gemäß Abb. 65, die von den kleinsten Durchmessern bis zu 800 mm hergestellt werden kann. Die Stärke kann ebenfalls von wenigen Millimetern bis zu einer Höchststärke von 150 mm ausgeführt werden.

Filzringscheiben gemäß Abb. 66 finden Verwendung, wenn in einem Betriebe nur Scheiben eines bestimmten, verhältnismäßig großen Durchmessers ver-

Abb. 65. Filzpolierscheiben für Metalle.

Abb. 66. Filzringe.

Abb. 67. Filzwalzen.

Abb. 68. Filzwalze, aus einzelnen Filzscheiben zusammengesetzt.

wendet werden können und für kleinere Scheiben, die durch das mehrfache Abdrehen großer Scheiben entstehen, keine Verwendung ist. Derartige Filzringscheiben werden im allgemeinen mit Holzkernen geliefert, auf welche der aus einer Scheibe ausgestochene Filzring aufgezogen wird.

Zur Bearbeitung größerer Flächen dienen Filzwalzen gemäß Abb. 67. Diese werden bis zu einer Stärke von 100 mm und bis zu 400 mm Länge aus einem Stück hergestellt. Walzen von größerem Durchmesser werden auf Wellen aus einzelnen Filzscheiben zusammengesetzt (Abb. 68).

Profilkörper aus Filz dienen der Bearbeitung von Profilen aller Art. In Frage kommen vor allem Profile für Hohlkörper gemäß Abb. 69 und 70 und Profile

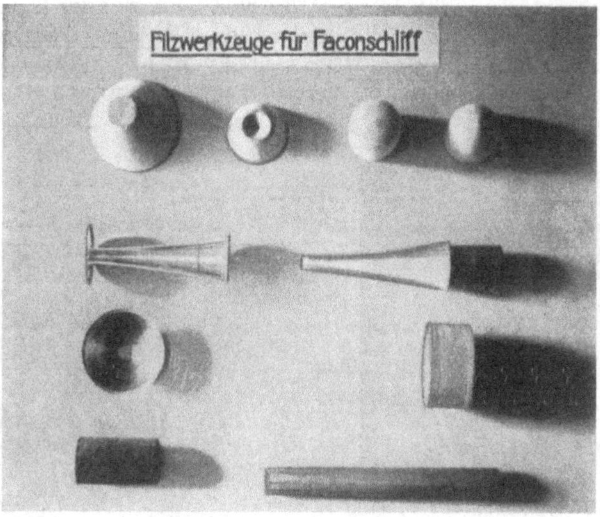

Abb. 69. Filzprofilkörper.

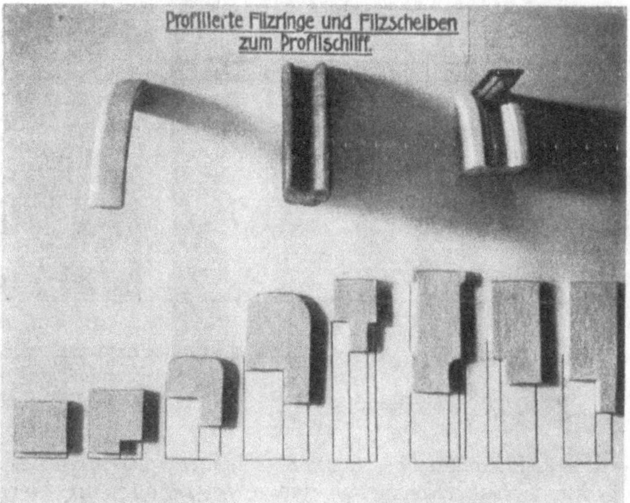

Abb. 70. Profilierte Filzringe und Filzscheiben zum Profilschliff.

zur Bearbeitung von profilierten Leisten gemäß Abb. 71. Die leichte Bearbeitung des Filzes mittels eines Stechbeitels ermöglicht es jeder Werkstatt, der Oberfläche des Filzes jede benötigte Form zu geben.

Filzprofilkörper finden weitgehende Verwendung für Arbeiten auf Polierböcken und für die modernen Schleifmaschinen mit und ohne biegsame Wellen. Derartige Profilkörper werden in allen Formen (Abb. 72), als Scheibchen, Linsen,

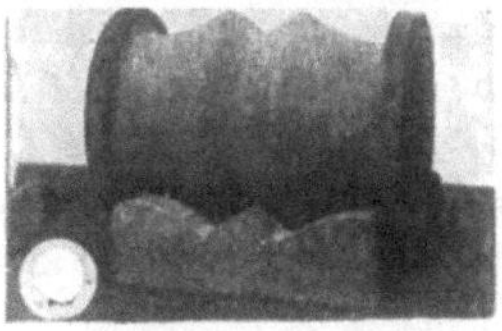

Abb. 71. Filzprofilkörper zur Bearbeitung von profilierten Leisten.

Abb. 72. Profilierte Scheiben und Ringe zum Schleifen und Polieren von Metallen und sonstigen Stücken.

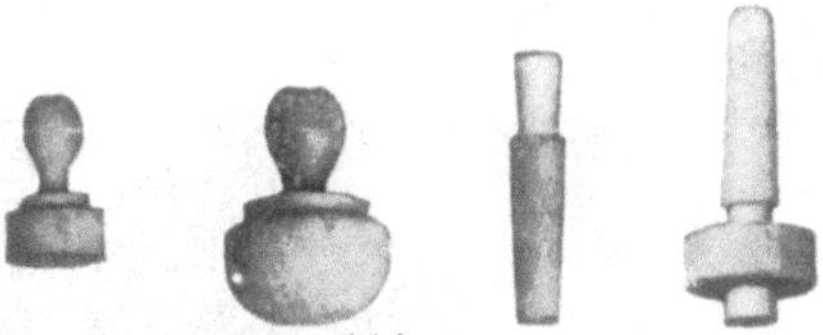

Abb. 73.
Schleif- und Polierkegel mit feinem Filz.

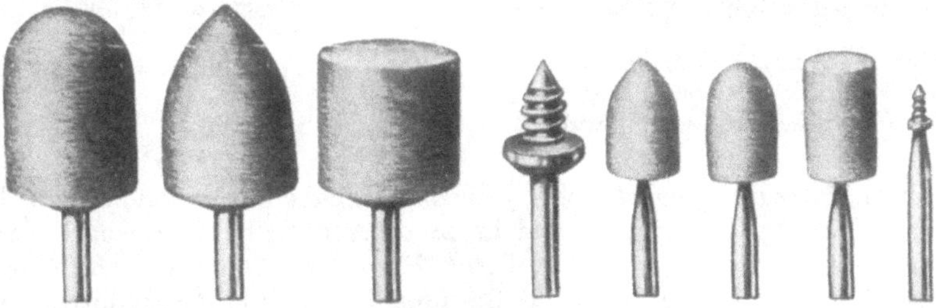

Abb. 74. Filzprofilkörper.

Abb. 76.

Abb. 75. Zangenhandstück F. Z. 6.

Granaten, Kegel, Kugeln und Spitzen hergestellt, so daß nicht nur das Ausschleifen und Polieren von Gesenken, Preßwerkzeugen usw., sondern auch die Oberflächenbearbeitung in jeder Form leicht möglich ist. In Abb. 73 sind einige Schleif- und Polierkegel mit feinem Filz dargestellt.

Für schnellaufende Handschleifmaschinen benötigt man kleine Filzprofilkörper gemäß Abb. 74, die auf Stahldorne verschiedener Ausführungen aufgekittet sind. Sie werden mit einer feinen Polierpaste, Polierrot usw. überstrichen und in Verbindung mit dem in Abb. 75 gezeigten Handstück F. Z. 6 verwendet. Je nach dem Durchmesser des Filzprofilkörpers und der Art der auszuführenden Bearbeitung sind die günstigsten Umlaufszahlen 6000—12000 in der Minute. Der Schaftdurchmesser beträgt 12 mm.

Filzteller und Filzpolierkissen dienen vor allem der Bearbeitung von Flächen, Filzteller gemäß Abb. 76 hierbei als elastische Unterlagen für Leinenschleif-

Abb. 78. Obere Reihe: Polierkegel,
mittlere Reihe: Bimskissen,
untere Reihe: Filzwalzen.

Abb. 77. Filzkissen.

scheiben, Filzkissen gemäß Abb. 77 für das Arbeiten mit Pasten bzw. zur Hochglanzpolitur. In der Abb. 78 sind in der oberen Reihe Polierkegel, darunter Bimskissen und in der dritten Reihe Filzwalzen dargestellt. Abb. 79 zeigt verschiedene Polierwerkzeuge für die Metall- und Bijouterieindustrie, und in Abb. 80 sehen wir verschiedene Filzqualitäten dargestellt.

Auswahl der Härte.

Wie bereits gesagt, ist ein Hauptvorteil der Filzscheibe gegenüber der Leder-, Holz- oder Stoffscheibe, daß Filz jeder Qualität, d. h. jeder Feinheit, in jeder beliebigen Härte von der weichsten bis zur festesten, geliefert werden kann. Die größte Wirtschaftlichkeit wird bei der Verwendung von Filzscheiben nur dann erreicht, wenn die Härte dem jeweiligen Arbeitsprozeß angepaßt ist.

Bestimmung der Härte von Filzscheiben.

Die Härte oder Elastizität von Filzscheiben, die zum Schleifen und Polieren Verwendung finden, hängt von dem Grade der Verfilzung oder Walkung des Flizes ab. Die in der Metallindustrie angewandten Verfahren zur Bestimmung der Festigkeit versagen bei Filz vollständig.

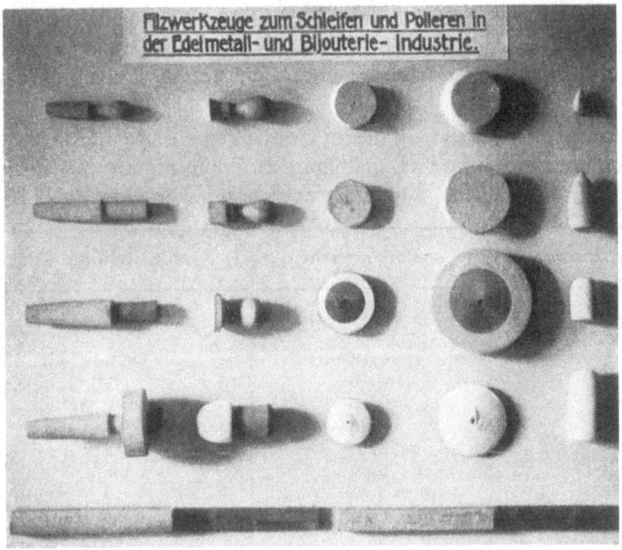

Abb. 79.

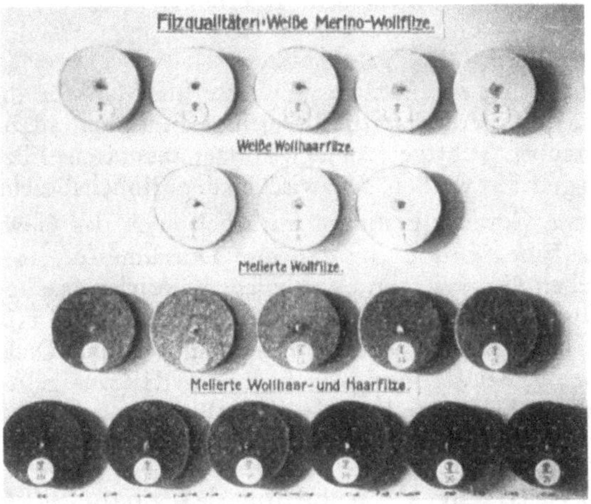

Abb. 80. Verschiedene Filzqualitäten.

Im Handel sind daher auch heute noch Bezeichnungen wie

extrahart — mittelfest — mittelweich — extraweich

oder ähnliche üblich, die ganz auf das Gefühl des einzelnen abgestellt sind.

Für die Wirtschaftlichkeit jedes Polierprozesses ist aber die richtige Auswahl der Härte von ausschlaggebender Bedeutung.

Eine Firma, welche als Sonderheit Schleif- und Polierfilze seit Jahrzehnten herstellt, hat daher zur genauen Bezeichnung der Härte neben den handelsüblichen, gefühlsmäßigen Härtebezeichnungen Angaben nach dem spezifischen Gewicht eingeführt.

Nachstehend sind daher für die in der Industrie am meisten verwendeten Festigkeiten außer den gefühlsmäßigen Bezeichnungen die entsprechenden spezifischen Gewichte und Einheitsbezeichnungen angegeben.

Einheitsbezeichnung	spez. Gewicht	gefühlsmäßige Bezeichnung
A	0,08	watteweich
B	0,10	
C	0,12	extraweich
D	0,16	
E	0,20	sehr weich
F	0,24	
G	0,28	
G +	0,32	weich
H —	0,36	
H	0,40	mittelweich
H +	0,44	
J —	0,48	mittelfest
J	0,52	
J +	0,56	fest und kernig
K	0,60	sehr fest
K +	0,65 und darüber.	extra fest und hart

Die Einführung der spezifischen Gewichte als Maß für die Festigkeit ermöglicht es, für jeden Arbeitsprozeß diejenige Festigkeit auszuwählen, die am wirtschaftlichsten ist. Selbstverständlich können technische Filze jeder Art auch in Festigkeiten geliefert werden, die zwischen den Einheitsbezeichnungen liegen.

Das spezifische Gewicht bestimmt natürlich auch das Gewicht der Platten oder Scheiben. Eine Scheibe von 150 mm Durchmesser, 10 mm Dicke und einem spezifischen Gewicht von 0, 56 wiegt beispielsweise 100 g, bei 60 mm Dicke 595 g; bei 500 mm Durchmesser und 10 mm Dicke 1100 g; bei 60 mm Dicke 6950 g. Eine Tafel 1000 × 1000 mm und 10 mm Dicke wiegt bei der Festigkeit A 800 g, bei der Festigkeit H 4000 g. Hieraus geht hervor, daß bei der Herstellung der Filze allen Erfordernissen Rechnung getragen werden kann.

Praktische Verwendung der Filzscheiben.

Beim Polieren dient die Filzscheibe hauptsächlich als elastische Unterlage oder als Träger für das eigentliche Poliermittel. Das Auftragen des Poliermittels auf die Filzscheibe erfolgt beim Polieren mit Hilfe von Leim. Wie die Wahl der richtigen Härte für die Güte der Politur wichtig ist, so ist die richtige Beleimung der Filzscheibe für die Lebensdauer von ausschlaggebender Bedeutung. Es scheint daher von Wichtigkeit, daß der nachfolgenden Gebrauchsanweisung für das Schleifen und Polieren mit Filzscheiben die größte Aufmerksamkeit gewidmet wird.

Gewichte je einer Scheibe in besonders dicht und festgewalkter, kerniger Beschaffenheit, entsprechend J + = 0,50 spez. Gewicht (bei den normalen Größen berechnet).

	10	15	20	25	30	35	40	45	50	55	60 mm dick
150 mm Durchmesser etwa	150	225	300	350	400	450	500	550	600	650	700 g
200 mm „ „	200	300	400	500	600	700	800	900	1000	1100	1200 g
250 mm „ „	300	400	500	700	850	1000	1200	1350	1500	1650	1800 g
300 mm „ „	450	600	800	1050	1300	1450	1600	1800	2000	2200	2400 g
350 mm „ „	650	900	1100	1300	1600	1850	2100	2400	2700	3000	3300 g
400 mm „ „	900	1200	1500	1800	2200	2500	2800	3100	3400	3800	4100 g
450 mm „ „	1150	1500	1900	2400	2800	3200	3600	4000	4400	4800	5300 g
500 mm „ „	1500	1900	2400	2800	3400	4000	4500	4900	5500	6000	6500 g
550 mm „ „	1800	2300	2800	3300	4000	4700	5400	5900	6600	7200	7800 g
600 mm „ „	2000	2700	3400	4000	4700	5500	6300	7000	7800	8600	9400 g

Diese Gewichte gelten nur für festgewalkte Beschaffenheit.

In extrafester Beschaffenheit etwa 10—15% schwerer als obige Gewichte
In mittelfester „ „ 15% leichter „ „ „
In mittelweicher „ „ 30% „ „ „ „
In weicher „ „ 50% „ „ „ „
In extraweicher „ „ 60% „ „ „ „

Gewichte von Tafeln:

etwa	1	4	6	8	10	12	14	16	18	20 mm dick
festgewalkt	550	2200	3300	4400	5500	6600	7700	8800	9900	11000 g
mittelfest	450	1800	2700	3600	4500	5400	6300	7200	8100	9000 g
mittelweich	350	1400	2100	2800	3500	4200	4900	5600	6300	7000 g
weich.	250	1000	1500	2000	2500	3000	3500	4000	4500	5000 g

für je einen Quadratmeter, alle anderen Dicken bis zu 100 mm Höchststärke im Verhältnis!

Von den Vereinigten Filzfabriken, G. m. b. H., Zittau, wird für das Schleifen und Polieren mit Filzscheiben die nachstehende Gebrauchsanweisung herausgegeben:

Auftragen des Schmirgels.

Die Lebensdauer einer Filzscheibe und die Güte des Polierprozesses hängen in erster Linie von der Auswahl geeigneter Rohstoffe und der Sorgfalt ab, mit der das Beschmirgeln ausgeführt wird.

Mißerfolge beim Beschmirgeln, insbesondere Ausbrechen des aufgebrachten Schmirgels, können folgende Ursachen haben:

Verwendung schlechten Leimes — unsachgemäße Beleimung,
ungenügende Beleimung — mangelhafte Trocknung
bzw falsche Schmirgelsorten.

Die Hauptregel ist:

Je dünner die Schmirgelschicht aufgetragen wird, um so weicher arbeitet die Scheibe, nützt sich aber schneller ab.

Eine dickere Schmirgelschicht arbeitet dagegen härter und nützt sich weniger ab.

Das Arbeiten mit zu starker Schmirgelschicht ist in jedem Fall unzweckmäßig, da die Schleifschicht zu hart ist und nicht mehr rationell arbeitet.

Die wirtschaftliche mittlere Grenze muß praktisch festgestellt werden und richtet sich nach dem Arbeitsverfahren und nach dem zu bearbeitenden Material.

Die Arbeitsfläche der Filzscheibe wird gerade oder profiliert so abgedreht, daß die Scheibe rund läuft.

Das Abdrehen unbeleimter Filzscheiben soll nur mit einem haarscharf geschliffenen Drehmeißel erfolgen. Die etwas angerauhte Polierfläche wird mittels eines kurzhaarigen Pinsels so lange mit einer dünnen und möglichst heißen Leimlösung getränkt, bis die Scheibe keinen Leim mehr aufnimmt. Dann muß die Scheibe so lange trocknen, bis die Leimkruste ganz trocken ist.

Die vorgeleimte und getrocknete Polierfläche wird dann nochmals mit mittelstarkem, zähem Leim bestrichen und durch die gleichmäßig ausgebreiteten Schleifkörner gerollt, so daß die ganze Schleiffläche gleichmäßig damit bedeckt ist. Das Beschmirgeln kann nach dem Trocknen mehrfach wiederholt werden, um eine stärkere Schmirgelschicht zu erhalten. Zu dicke Schmirgelschichten sind zu vermeiden. Der Leim soll frisch, gleichmäßig, zäh sein; spröder Leim neigt zum Reißen und Brechen. Die Dicke des Leimes muß der Körnung angepaßt werden (s. nachf.). Zu viel und zu dicker Leim bettet kleine Polierkörner zu tief, während bei gröberem Korn ein zu dünner Leim das Korn nicht bindet. Bei feinsten Körnungen kann man auch einen Brei von Leim und Polierkörnern herstellen und heiß mit dem Pinsel auftragen.

Behandlung des Leimes.

Da die sachgemäße Behandlung des Leimes die Lebensdauer der Filzscheiben sehr stark beeinflußt, so empfiehlt sich die Befolgung der nachstehenden Vorschriften, welche auf Grund langjähriger Erfahrungen nach den Richtlinien des Ausschusses für wirtschaftliche Fertigung zusammengestellt sind.

Leimtiegel. Größe des Tiegels dem Betrieb entsprechend wählen (häufiges Anwärmen verringert die Klebekraft und Zähigkeit des Leimes) und vor dem Ansetzen des Leimes gut reinigen, Leimreste entfernen.

Auswahl des Leimes. Nur besten Lederleim (Hautleim) verwenden, der säurefrei ist, größte Bindekraft und Elastizität besitzt. Der teuerste Leim ist der ergiebigste und daher im Betrieb billigste. Perlen- oder Flockenleim erleichtert das Quellen.

Einweichen des Leimes. Drei Stunden in destilliertem Wasser oder in Regenwasser bei 20° einweichen, da kalkhaltiges Leitungswasser die Bindekraft und Elastizität herabsetzt. Je nach Körnung richtiges Verhältnis der Wassermenge zum Leimgewicht wählen.

Zu groben Körnungen ist dicker Leim, zu feinen Körnungen dünner Leim erforderlich.

Körnung des Poliermittels.	kg Wasser auf 1 kg trock. Leim
36	1,22 kg
46	1,50 „
60	1,86 „
90	2,00 „
120	2,30 „
150	2,60 „

Ankochen des Leimes. Der Leimtopf soll nur im Wasserbade angewärmt werden. Die Temperatur darf 60° nicht übersteigen. Überhitzter Leim verliert seine Bindekraft. Langsames Anrühren ist zweckmäßig.

Auftragen des Leimes. Die Bindung von Leim und Filz einerseits und von Leim und Schmirgel andererseits wird sehr günstig beeinflußt, wenn man die Filzscheibe auf 45° und den Schmirgel auf 60—65° anwärmt.

Trocknen. Die fertig beschmirgelten Scheiben sollen möglichst 48 Stunden bei Zimmertemperatur trocknen.

Bemerkungen. Bezüglich der Anwendung und Behandlung von Leim sei auch auf die Druckschrift des Ausschusses für wirtschaftliche Fertigung AWF. 30, zu beziehen durch den Beuth-Verlag, Berlin SW 19, verwiesen.

Behandlung abgenutzter Filzscheiben.

Dünne Schmirgelschichten werden am wirtschaftlichsten mit einem Silizium-Karbid-Stein soweit abgeschliffen, daß der Filz an der ganzen Oberfläche zutage tritt.

Bei starken Schmirgelschichten wird die ganze Schicht mit einem Drehmeißel sauber abgestochen. Es empfiehlt sich nicht das Abdrehen der Schmirgelschicht durch Andrücken eines Stahlrohres oder eines anderen ungeeigneten Werkzeuges vorzunehmen, da die Oberfläche des Filzes nur beschädigt wird und kein sauberer, zentrisch laufender Filzrand entsteht.

Scheuer- und Poliertrommeln.

Zum Scheuern und Polieren verwendet man zwei Arten von Trommeln, die Scheuertrommeln und die Scheuerglocken. Je nach dem Werkstoff des Scheuergutes werden die Trommeln und Glocken aus Holz, Gußeisen oder SM -Stahl hergestellt.

Die Scheuertrommeln sind waagerecht gelagert und werden in runder, sechskantiger, achtkantiger und auch vierkantiger Form hergestellt. So werden zum Beispiel Stangen und Rohre in langen Trommeln gescheuert bzw. poliert. (Siehe Abb. 82.)

Abb. 81. Kurze Trommel mit großem Durchmesser.

Da die Scheuerwirkung einmal durch das Fallen entsprechend der Trommelform erreicht wird, aber zum anderen auch von der spezifischen Pressung des Scheuergutes, d. h. von der Füllhöhe der Trommel und natürlich auch von Form und Werkstoff des Scheuergutes abhängt, so ist auf das richtige Verhältnis von Trommeldurchmesser und Trommellänge größter Wert zu legen. Abb. 81 zeigt eine kurze Trommel mit großem Durchmesser, während Abb. 82 eine lange Trommel mit kleinem Durchmesser zeigt.

Gußeisen, Temperguß und Stahlguß wurden früher hauptsächlich nur in sechs- oder achtkantigen Trommeln geputzt und gescheuert. Der Trommelmantel war durchbohrt, so daß der Sand und Staub herausgeschleudert werden konnte. Diese Anlagen mußten wegen der großen Staubentwicklung vollkommen verkleidet werden. Heute baut u. a. die Firma A. Mengeringhausen Nachf., Iserlohn, eine Sondergußputztrommel, bei der der Staub durch einen Exhaustor abgesaugt wird. Abb. 83 zeigt eine derartige Trommel, die in hohlen Tragzapfen, durch die der Staub abgesaugt wird, gelagert ist In dem an dem Lagerkörper des hohlen Saugzapfens angebrachten Saugkasten sammelt sich der grobe Schmutz und schwere Staub, während der leichte Staub durch die Saugleitung abgesaugt wird.

Aber nicht nur bei Gußputztrommeln, sondern überall da, wo mit Sägespänen poliert bzw. gescheuert wird, führt sich die Staubabsaugungseinrichtung immer mehr ein. Hier hat sie zwar nicht mehr den Zweck, den Bedienungsarbeiter vor der lästigen, gesundheitsschädlichen Staubentwicklung zu schützen, sondern hier wird die fertige Ware von dem zugesetzten Polier- bzw. Scheuermittel ohne besonderen Arbeitsgang gereinigt.

Die in den Abb. 84 und 85 gezeigten Bauarten BK 20 und BK 90, die zum Trocken- und Naßscheuern und -polieren dienen, sind innen und außen sechs- bzw. achteckig und aus autogen geschweißtem Stahlblech mit Eisenflanschen hergestellt. Durch das starke Stahlblech haben die Trommeln eine hohe Lebensdauer erhalten. Die Trommeln dieser Bauart können auch als Kugelpoliertrommeln verwendet werden, besonders für Werkstücke

Abb. 82. Lange Trommel mit kleinem Durchmesser.

aus Eisen oder Stahl. Vor ihrer Verwendung muß dann die Trommel ohne Werkstücke so lange mit Kugeln und Polierflüssigkeit laufen, bis die Innenfläche der Trommel Hochglanzpolitur zeigt. Die Trommeln dieser Bauart werden mit direktem elektromotorischem Antrieb, mit Schutzmantel usw. hergestellt.

Für das Scheuern von Fahrradspeichen bis zu 34 cm Länge werden Trommeln in Sonderausführungen hergestellt. Diese Trommeln haben besonders große Einfüllöffnungen.

Abb. 83. Trommel mit Absaugevorrichtung.

Abb. 84. Scheuer- und Poliertrommel, Bauart BK 20.

Die Trommeln, Bauart HK 20 und HK 90 (Abb. 163), sind aus Hartholz angefertigt, sie sind außen rund und innen sechs- bzw. achteckig. Eine Sonderbauart der Vernutung bewirkt ein vollkommenes Dichthalten der Trommeln auch bei längerem Trockenstehen. Die Bauart des Verschlusses der Deckel mittels Exzenterhebel ermöglicht, daß die Trommeln einfach, schnell und bequem gefüllt und entleert werden können.

Wenn verschiedene Artikel in einer Trommel poliert und verschiedene Polierzeiten erreicht werden sollen, so wird es sich empfehlen, Trommeln mit mehreren Kammern zu verwenden, wobei jede Kammer mit einer bestimmten Art von Werkstücken beschickt wird. Man erreicht dadurch, daß beim Polieren verschiedener Werk-

Abb. 85. Scheuer- und Poliertrommel. Bauart BK 90.

stücke das zeitraubende Aussortieren vermieden wird. In der Regel sind Trommeln mit 1—2, 1—3 und 1—4 Kammern in Verwendung.

Die Trommeln der Bauart HK (Abb. 87) besitzen anmontierte Eisenflanschen mit starken Wellenzapfen und gußeiserne Lagerböcke, deren Lager für Fettschmierung eingerichtet sind. Die kleinen Bauarten werden auf Tischen befestigt. Sie besitzen Einscheibenantrieb und Momentausrückung, während die größeren Trommeln mit Los- und Festriemenscheibe versehen sind. Es ist zu beachten, daß die Umlaufszahlen der Trommeln mit kleinem Durchmesser 30—60 und die mit großem Durchmesser 20—40 in der Minute betragen sollen. Bei schweren oder massiven Waren sind auch höhere Umlaufszahlen zulässig.

Abb. 87. Scheuer- und Poliertrommel mit Schutzvorrichtung und Auffangkasten, Bauart HK 60, Sonderausführung B.

Zum Schutz gegen Unfälle werden die Trommeln auch mit Schutzmantel hergestellt (Abb. 87). Dieser Schutzmantel dient gleichzeitig zum Auffangen der Werkstücke und Kugeln beim Entleeren der Trommel, wobei Werkstücke und Kugeln dem untergestellten Auffangkasten mit Sieb zugeführt werden.

Bei dem sogenannten Kugelpolierverfahren (siehe S. 141), welches vorzugsweise bei Messing und Bronzeguß angewendet wird, werden die Gußteile mit kleinen Stahlkugeln zusammen gescheuert. Hier gibt man den Kugeln außer der rotierenden Bewegung durch die exzentrische Lagerung der Trommel noch zusätzliche Bewegungsrichtungen in der Längsachse der Trommel, wie Abb. 88 zeigt.

Die in Abb. 89 gezeigte Kugelpoliertrommel, Bauart K 100, stellt eine schwere Ausführung für stärkste Beanspruchung mit Zahnradvorgelege dar. Sie besitzt einen großen Durchmesser bei geringer Trommellänge und eignet sich infolgedessen besonders für Gegenstände, die hohen Kugeldruck aushalten

Abb. 88. Trommel für das Kugelpolierverfahren mit zusätzlicher Bewegungsrichtung in der Längsachse der Trommel.

Abb. 89. Kugelpoliertrommel, Bauart K 100.

müssen. Die Trommeln bestehen aus gußeisernen Gehäusen, sie sind innen mit einer starken Ausfütterung von festem Hartholz versehen und besitzen wasserdichte Verschlüsse, die durch einen Exzenterverschlußhebel betätigt werden.

Diese Trommeln können ebenfalls mit 2—3 Kammern, die vollkommen wasserdicht gegeneinander abgeschlossen sind, hergestellt werden. Man kann also in diesen Trommeln verschiedene Werkstücke oder sogar verschiedene Polierflüssigkeiten verwenden.

Kugelpoliertrommel.

Bei der in Abb. 90 gezeigten Kugelpoliertrommel treibt ein auf gußeiserner Säule aufgebautes Globoidschneckengetriebe zu jeder Seite eine Poliertrommel aus Holz an. Da jede Trommel in Armen gelagert ist, ist sie also beliebig zur Drehachse verstellbar. Infolge der außerordentlich schweren Ausführung ist

Abb. 90. Kugelpoliertrommel, Bauart K 2000, mit zwei schwenkbaren Holztrommeln.

bei diesen Kugelpoliertrommeln die allerstärkste Beanspruchung möglich. Sie besitzen auch entsprechend dem Durchmesser der Trommeln große Öffnungen, so daß ein leichtes und schnelles Füllen und Entleeren möglich ist; dies ist besonders bei sperrigen Teilen sehr zweckmäßig.

In Einsatzgestellen werden die zu polierenden Gegenstände festgehalten und mit diesen Gestellen in die Poliertrommeln eingesetzt. Die Gegenstände können sich also nicht gegenseitig beschädigen, und die Stahlkugeln wie auch die Polierlösung können sich leicht zwischen der zu polierenden Ware bewegen.

Um ein wirtschaftliches Arbeiten zu erzielen, ist es erforderlich, daß die Poliertrommel mindestens bis zur Hälfte und mehr mit Polierkugeln (gegebenenfalls auch mit Stahlstiften gemischt) gefüllt wird. Für das Polieren von 2—3 kg Ware ist im allgemeinen eine Kugelmenge von 10 kg nötig. Bei leichten, jedoch sehr voluminösen Waren kann sich das Verhältnis auch verschieben, und mehr Kugeln im Verhältnis zum Warengewicht würden notwendig sein, weil die zu polierenden Gegenstände in die Stahlkugeln eingebettet sein müssen.

Scheuer- und Polierglocken, Bauart WG.

Die in Abb. 91 gezeigte Scheuer- und Polierglocke, Bauart WG, kann sowohl zum Naß- und Trockenscheuern, wie auch zum Naß- und Trockenpolieren benutzt werden. Die in Abb. 92 und 93 gezeigten Apparate sind mit Kipp-

Abb. 91. Scheuer- und Polierglocke, Bauart WGB I.

vorrichtung (Handradbedienung) zur Entleerung der Glocken versehen. Diese Kippvorrichtung dient auch gleichzeitig zum Einstellen des Neigungswinkels der Glocke, der für den betreffenden Arbeitsprozeß am günstigsten ist. Man

Abb. 92. Scheuer- und Polierglocke, Bauart WGB II.

Abb. 93. Scheuer- und Polierglocke aus Hartholz, Bauart WGH mit angebautem Motor.

erreicht mit ihr ein stufenloses Einstellen des Scheuer- oder Polierprozesses vom leichten Gleiten bis zum flotten Durcheinanderwerfen der Ware. Infolge der großen Übersetzung haben diese Glocken einen leichten, ruhigen Lauf, sie gestatten eine bequeme Überwachung des Arbeitsprozesses und Erzielung jeder gewünschten Scheuer- oder Polierwirkung durch Einstellung des Neigungswinkels der Glocke.

Scheuer- und Polierglocke.

Die in der Abb. 94 gezeigte Scheuer- und Polierglocke, Bauart SG, stellt eine geeignete Maschine für das Scheuern und Blankmachen von Drahtmassenartikeln dar.

Die Trommel selbst ist innen mit kräftigen Rippen versehen und aus dichtem Gußeisen hergestellt. Durch die Form des Fußes erhält die Glocke einen festen Stand. Durch eine Kurbel kann sie auch während des Ganges in jede beliebige Lage verstellt werden, wodurch sich die gewünschte Wirkung auf das Scheuergut leicht regeln läßt und selbst die empfindlichsten Gegenstände gescheuert werden können. Die gleiche Vorrichtung gestattet die Entleerung der Glocke während des Betriebes sowie auch das Wiederanfüllen mit Scheuergut.

Abb. 94. Scheuer- und Polierglocke, Bauart SG.

Wie weit der Scheuerprozeß vor sich gegangen ist, kann man jederzeit durch Abnahme des kleinen Deckels feststellen.

Ein Umherspritzen von Polierflüssigkeit oder das Verbreiten von Staub beim Trockenscheuern ist durch diese Bauart vermieden.

Der Antrieb erfolgt durch Fest- und Losscheibe, die durch eine Ausrückvorrichtung schaltbar sind. Die Scheuer- und Polierglocke wird in drei verschiedenen Größen hergestellt, und zwar 110, 130 und 140 cbm.

Druck, Zeit, Korngröße und Leimstärke und ihr Einfluß auf die Polierwirkung.

Vor einigen Jahren wurden nach einem Bericht der Zeitschrift American Machinist in Nordamerika Versuche mit elastischen Polierscheiben angestellt, bei denen das Poliermittel in einem Leimkopf eingerollt wurde, um den Einfluß des Arbeitsdruckes zwischen Polierscheibe und Werkstück, die Polierdauer, Korngröße des Poliermittels und der Konzentrierung der Leimlösung auf die Polierleistung festzustellen.

Die Versuche wurden zunächst laboratoriumsmäßig durchgeführt, und die Einrichtung, die dabei Verwendung fand, bestand aus einer Polierscheibe von 125 mm Durchmesser und 6 mm Breite, die mit 5900 U/min arbeitete. Auf einer Holzunterlage wurde das Versuchsstück aus Stahl aufgespannt, die durch eine Gummiblase von unten her gegen die Polierscheibe angedrückt wurde. Die Gummiblase lag auf einer Waage auf, die nach Abzug des Eigengewichtes den Druck maß. Durch verschieden starkes Aufblasen der Gummiblase wurde letzterer veränderlich erhalten. Die Polierscheiben bestanden aus mit Leim behandelten, versteiften Stoffscheiben. Mit Ausnahme der variablen Faktoren, deren Einfluß zu prüfen war, wurden alle sonstigen für die Prüfergebnisse ausschlaggebenden Faktoren, wie die Zeitdauer des Leimweichens, Schmelztemperatur des Leims, Auftragsverfahren, Menge und Temperatur des Leims und Poliermittels, Trocknungsdauer für die Scheibentemperatur und Feuchtigkeitsgrad der Luft konstant gehalten. Nach dem Auftragen einer 30%igen Leimlösung wurden die Scheiben getrocknet, am

Umfang glattgedreht und an den Rändern und am Umfang mit einer dünnen Leimschicht überzogen. Das Poliermittel wurde in diesen Leimmantel dann 30 Sekunden lang gleichmäßig eingerollt und das sich gebildete Polierkissen 2 Stunden lang getrocknet. In der gleichen Weise wurde mit einem zweiten Kissen verfahren und schließlich ein Polierkopf aufgeleimt, den man 20 Stunden lang trocknen ließ. Die Polierleistung wurde bei den Versuchen nach dem Gewicht des abgeschliffenen Materials beurteilt.

Wenn nachstehend von „Scheibenwirkungsgrad" die Rede ist, so ist damit das Verhältnis des Gewichtes der abgeschliffenen Stahlspäne zum Verschleiß der Polierscheibe, gemessen durch Wiegen von Werkstück und Polierscheibe, vor und nach der Prüfung zu verstehen. Hingegen ist unter „Schnitt-

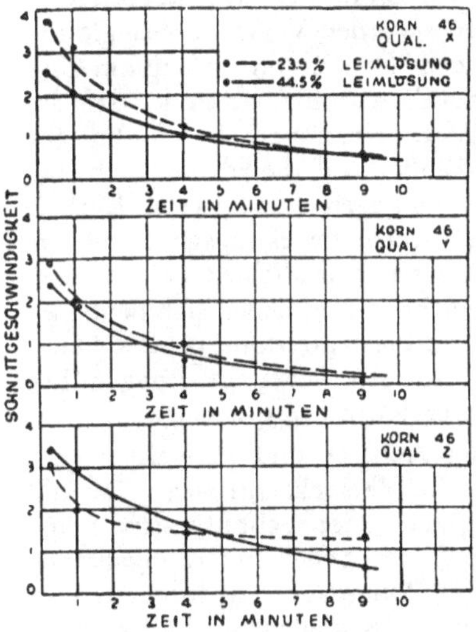

Abb. 95. Abhängigkeit der Schnittgeschwindigkeit von der Polierdauer.

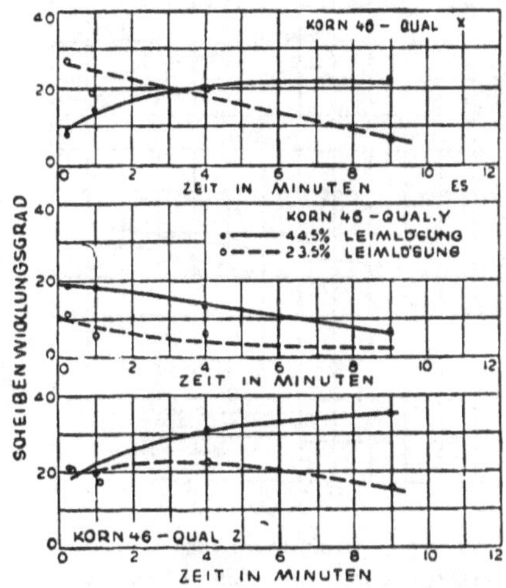

Abb. 96. Abhängigkeit des Scheibenwirkungsgrades von der Polierdauer.

geschwindigkeit" die minutlich je Zentimeter Scheibenbreite und je Kilogramm Druck abgeschliffene Spanmenge zu verstehen.

Außer von der Polierdauer hängen Schnittleistung und Scheibenverschleiß von den angewendeten Arbeitsdrücken ab. Polierscheiben mit grober und feiner Körnung verhalten sich hierbei verschieden.

Die Versuche ergaben die erstaunliche Tatsache, daß bei einer gröber gekörnten Polierscheibe mit zwei Leimüberzügen, die aus einer 30 bzw. 25 %igen Leimlösung bestanden, und Korngröße 46 des Poliermittels die Schnittleistung mit der Benutzungsdauer der Scheibe nachläßt und ein Mittel innerhalb des bei den Versuchen angewendeten Druckbereiches ungefähr proportional mit dem Arbeitsdruck ansteigt. Der Scheibenverschleiß ist bei dieser Scheibe bei einem spezifischen Druck von 2 kg je Zentimeter Breite etwa viermal so groß wie bei einem spezifischen Druck von 1 kg/cm festgestellt worden; bei einem Druck von 1 kg/cm lassen sich ohne Erneuerung des

Polierkissens also etwa viermal soviel Werkstücke polieren wie mit derselben Scheibe unter einem Druck von 2 kg/cm. Der Scheibenwirkungsgrad ist also bei 1 kg/cm Druck doppelt so groß wie bei einem Druck von 2 kg/cm.

Als wenig günstig haben sich für den Scheibenwirkungsgrad Drucke von mehr als 0,75 kg/cm ergeben. Anders scheinen die Verhältnisse bei feinkörnigeren Polierscheiben zu liegen. Die Versuche zeigten für Polierscheiben von der Korngröße 150 mit zwei Leimüberzügen mit 26,6 bzw. 7,8%iger Leimlösung, daß mit Ausnahme in der ersten halben Minute der Polierzeit Druckzunahmen über 0,5 kg/cm hinaus nur einen sehr geringen Einfluß auf die Schnittleistung ausübten, während mit ansteigendem Druck der Scheibenwirkungsgrad nur unwesentlich sank.

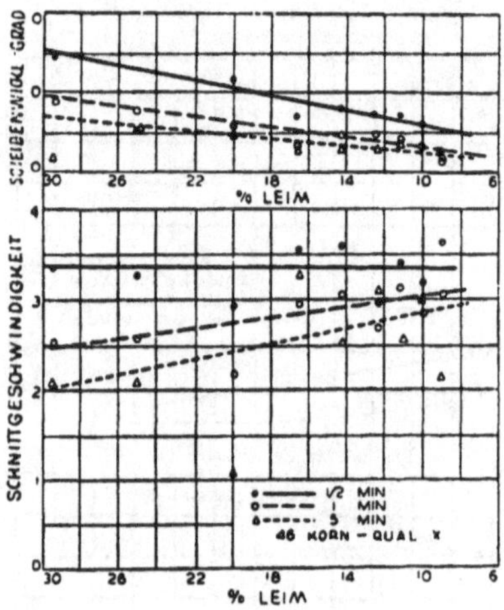

Abb. 97. Zusammenhang zwischen Leimkonzentration, Schnittgeschwindigkeit und Scheibenwirkungsgrad.

Um den Einfluß der Korndichte festzustellen, wurden Versuche bei gleichbleibendem Druck von 0,86 kg/cm ausgeführt. Es wurde festgestellt, daß die Korndichte einen verhältnismäßig geringen Einfluß auf die Schnittgeschwindigkeit, hingegen einen großen Einfluß auf den Scheibenwirkungsgrad ausübt. Mit größeren Korndichten bei gleicher Scheibenabnutzung ließen sich bei beliebiger Leimkonzentration bis zu 2½fach gesteigerte Stückleistungen gegenüber geringerer Korndichte erzielen.

In der Abb. 95 und 96 werden graphisch die Versuchsergebnisse für die Abhängigkeit der Schnittgeschwindigkeit bzw. des Scheibenwirkungsgrades von der Polierdauer in Minuten bei dreierlei verschiedenen Poliermittelqualitäten X, Y, Z von der gleichen Körnung und den beiden Grenzfällen einer Leimkonzentration von 23,5 und 44,5% gezeigt. Die Schnittgeschwindigkeiten nehmen in allen diesen Fällen in den ersten Minuten schnell ab, um mit fortschreitender Abnutzung des Polierkissens einem nahezu gleichbleibendem Wert zuzustreben.

Aus der Abb. 95 ist ersichtlich, daß sich dabei die verschiedenen Poliermittelqualitäten etwas unterschiedlich verhalten. Für den Scheibenwirkungsgrad trifft dies auch zu. So zeigt z. B. in Abb. 96 die Qualität Z bei schwacher Leimkonzentration nur eine geringe Änderung, bei starker Konzentration aber einen nicht unwesentlichen Anstieg des Scheibenwirkungsgrades mit der Dauer der Polierzeit, Qualität Y eine Abnahme des Scheibenwirkungsgrades bei beiden Leimkonzentrationen und Qualität X eine Zunahme des Scheibenwirkungsgrades bei der stärkeren, hingegen eine Abnahme bei der schwächeren Leimkonzentration.

Aus den Kurven der Abb. 96 ist ersichtlich, daß bei den gröberen Körnungen und schwächeren Leimlösungen, die nicht genug Haltekraft für die

Polierkörner aufbringen, der Scheibenwirkungsgrad im allgemeinen mit der Polierdauer abnimmt.

In Abb. 97 ist graphisch der Zusammenhang zwischen Leimkonzentration des obersten Leimüberzuges einerseits und Scheibenwirkungsgrad und Schnittgeschwindigkeit bei grobkörnigen Polierscheiben gleicher Qualität von der Körnung 46 andererseits bei verschiedener Polierdauer (½, 1 und 5 Minuten) gezeigt. Wie hieraus ersichtlich ist, wächst der Scheibenwirkungsgrad mit der Leimkonzentration. Er ist bei einer 30%igen Leimlösung etwa dreimal so hoch wie bei einer 10%igen Leimlösung. Mit zunehmender Leimkonzentration nimmt andererseits die Schnittgeschwindigkeit ab, dies um so mehr, je länger die Polierdauer ist. Hingegen liegen bei feinkörnigeren Scheiben die Verhältnisse so, daß sowohl die Schnittgeschwindigkeit als auch der Scheibenwirkungsgrad mit zunehmender Leimkonzentration abnehmen.

Die Umlaufsgeschwindigkeit der Polierscheibe.

Einer der wichtigsten Punkte beim Polieren ist die Umdrehungsgeschwindigkeit der Polierscheibe. Als Norm gilt: je feiner das Polierkorn, desto höher, je gröber, um so geringer muß die Umdrehungsgeschwindigkeit der Scheiben sein. Natürlich spielt die Größe der Polierscheibe wie auch die Art des zu polierenden Metalles eine Rolle. Für Messing, Kupfer, Bronze, Silber, Tombak ist eine um 20% geringere Umdrehungsgeschwindigkeit einzuhalten als für Nickel, Stahl, Neusilber, Eisen oder Guß; und um weitere 20% muß bei Blei, Zinn, Zink usw. die Umfangsgeschwindigkeit niedriger sein.

Jede Steigerung der Umdrehungszahl läßt die Scheibe härter wirken; zwar schneidet eine solche Scheibe gut, sie zieht aber nicht. Zwischen „schneiden" und „ziehen" ist aber ein feiner Unterschied, den man nicht allein am Aussehen der Ware zu erkennen vermag, der vielmehr vom Schleifer während des Arbeitsprozesses durch Finger- und Handgefühl festgestellt werden muß, um durch Abstellen des einen oder anderen wirkenden Momentes den gewünschten Strich zu erzielen. Eine Scheibe, die schneidet, zieht einen scharfen Strich auf der Ware. Eine solche, die nur zieht, erzeugt eine feinere Politur trotz des gleichen Polierkornes.

Die schneidende Polierscheibe dringt mit ihrem Korn tiefer in das Metall ein als die ziehende.

Für allgemeine Arbeiten mit Polierscheiben ist eine Geschwindigkeit von 35 bis 38 m/s am besten geeignet und ist gleichzeitig auch die wirksamste Schnittgeschwindigkeit. Durch höhere Geschwindigkeiten wird der Leim erweicht, der sich dann leicht von der Scheibenoberfläche loslöst. Zweifelsohne könnte die Wirksamkeit der Polierscheibe wesentlich gesteigert werden, wenn ein neues Klebmittel erfunden würde, das eine höhere Geschwindigkeit als 38 m/s zulassen würde. Bei Verwendung von guten Rohstoffen kann man unbedenklich bis an die obere Grenze der angegebenen Geschwindigkeiten beim Polieren gehen.

Es gibt jedoch Polierarbeiten, für die die angegebene Geschwindigkeit von 38 m/s zu hoch ist, weil die beim Polieren entstehende Hitze das Material zum

Schmelzen bringt oder seine Härte verringert. In solchen Fällen ist es unbedingt erforderlich, Versuche anzustellen, um die günstigste Umlaufsgeschwindigkeit der Polierscheibe zu ermitteln.

Durch Versuche in einem größeren Stuttgarter Polierbetrieb wurde festgestellt, daß beim Polieren mit Schwabbelscheiben die Umfangsgeschwindigkeit der Scheibe von 53 m/s nicht überschritten und eine solche von 43 m/s nicht unterschritten werden sollte. Im ersteren Falle tritt eine zunehmende Steifigkeit der Schwabbelscheibe auf, und der Kraftverbrauch nimmt auch zu, so daß sich eine unwirtschaftliche Polierarbeit ergibt; im letzteren Falle ist die Fliehkraft zu gering, um eine wirtschaftliche Leistung zu erzielen.

Abschnitt II a.

Poliermotoren, Poliermaschinen und Elektro-Polierwerkzeuge.

Bei der Gestaltung der Poliermotoren und Poliermaschinen mußte davon ausgegangen werden, daß wohl bei keinem anderen Betriebe die Maschinen so beansprucht werden, wie gerade bei der Arbeit des Schleifens und Polierens. Außer der stoßweisen Belastung und der 2—3 fachen Überlastung ist besonders auch der gefährliche Schleifstaub, der an jeder Reibungsstelle äußerst schädliche Wirkungen ausübt, anzuführen. Oft läßt auch die Bedienung und Pflege der Maschinen zu wünschen übrig. Dem meist im Akkord beschäftigten Arbeiter bleibt für die Pflege seiner Maschine wenig Zeit übrig. Beim Entwerfen und Bau der Poliermaschinen mußte hierauf Rücksicht genommen werden. Bei den neuen, in den Abb. 98 gezeigten Bauarten ist dies auch der Fall. Es ist auch das Bestreben gewesen, bei verschiedenen Maschinen den Riemenantrieb durch den direkten elektrischen Einzelantrieb zu ersetzen, weil dies mit einer Reihe von Vorteilen verknüpft war. So ist z. B. jede Maschine für sich ausschaltbar, also kein nutzloser Leerlauf vorhanden. Beim Massenantrieb wird die Kraftquelle meist nur bis zu 50% ausgenutzt; hingegen kann

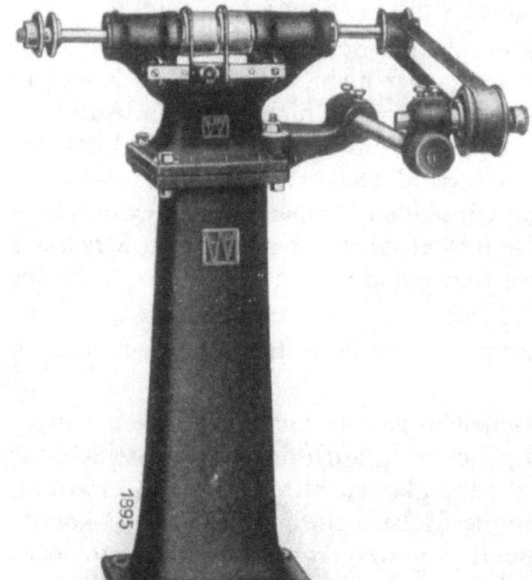

Abb. 98. Schleif- und Polier-Maschine mit Riemen-Schleif-Apparat.

der Schleif- und Poliermotor fast dauernd voll belastet werden. Der Einzelantrieb vermeidet auch nutzlose Bezahlung von Arbeitskräften, wie das bei Massenantrieb der Fall sein kann, wenn z. B. der Haupttreibriemen reißt, bei der Reparatur und Reinigung der antreibenden Maschine oder wenn sich Arbeiten an der Transmission als erforderlich erweisen. Aber auch ausschlaggebend ist vor allen Dingen für den Einzelantrieb, daß hierdurch jegliche Betriebsstörungen durch das Auflegen der Riemen beim Wechseln der Scheiben vermieden werden.

Abb. 99. Schleif- und Polier-Maschine Einheits-Bauart PM.

Bei Reihenanordnung der Schleifböcke, getrieben von einer gemeinsamen Transmissionswelle, muß gemäß den Unfallverhütungs-Vorschriften diese beim Aufwerfen der Riemen stillgelegt werden.

In der Regel werden die Schleif- und Poliermotoren für alle Ansprüche hergestellt, und zwar mit niedriger Säule zum Arbeiten im Sitzen, hoher Säule für Arbeiten im Stehen oder auch zum Aufsetzen auf ein vorhandenes Untergestell.

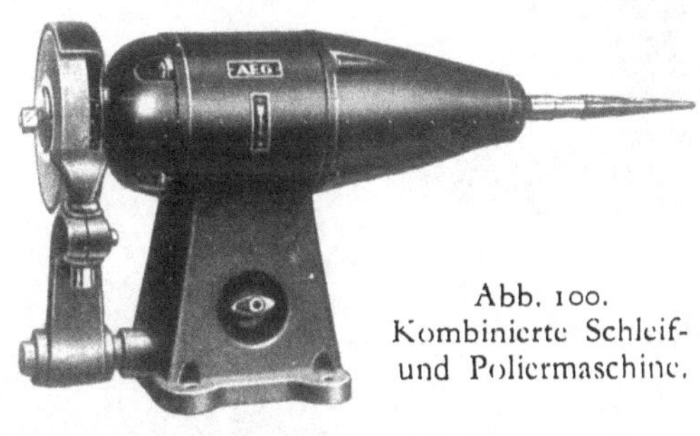

Abb. 100. Kombinierte Schleif- und Poliermaschine.

An gefährdete Stellen kann kein Schleifstaub mehr gelangen, da die erwähnten Motoren vollkommen staubdicht gekapselt sind. Bei den im Bilde gezeigten Motoren ist das Gehäuse auch von 4 PS an mit Doppelmantel versehen. Frische Kühlluft wird durch einen Ventilator ständig an die Wicklung gebracht, so daß sich die Erwärmung selbst bei Überbelastung stets innerhalb der zulässigen Grenzen hält. Die Welle ist in kräftigen Sonderkugellagern gelagert; seitliche Drücke werden ohne Nachteil aufgenommen. Durch Labyrinthdichtung erfolgt die Abdichtung der Kugellager. Die Tatsache, daß die Motoren eine stoßweise Überbelastung bis zu 200 % ihrer Nennleistung ohne schädliche Folgen zulassen, läßt ihre Bewährung selbst in Betrieben, wo allergrößte Anforderungen gestellt werden, verständlich erscheinen. Wie die Abb. 99 zeigt,

Abb. 101. Poliermaschine mit Polierspitzen und Druckscheiben.

ist das Äußere spindelförmig gehalten, um durch weit nach außen gezogene Lagerung die Schleifdrücke gut aufnehmen zu können, andererseits aber auch nicht die Handhabung mit sperrigen Werkstücken zu behindern.

Eine kombinierte Schleif- und Poliermaschine wird in Abb. 100 gezeigt; sie wird für Gleichstrom, Drehstrom und Einphasen-Wechselstrom hergestellt und ist linksseitig mit Schutzhaube und Handvorlage für Trockenschliff, rechtsseitig mit Polierspitze und Druckscheibe ohne Schleifscheibe versehen. Die Abb. 101 zeigt eine Poliermaschine, die vollkommen geschlossen ist, Kugellager und im Sockel eingebauten Schalter besitzt, während in Abb. 102 eine Poliermaschine auf halbhoher Gußsäule, die sich besonders für Polierarbeiten in sitzender Stellung eignet, dargestellt ist. Eine weitere viel gebräuchliche Poliermaschine zeigt Abbildung 103.

Abb. 102a. Poliermaschine „Herlas" mit abschaltbaren Arbeitsspindeln.

Eine bemerkenswerte Neuerung stellt die in Abb. 102a dargestellte „Herlas"-Poliermaschine[1] mit abschaltbaren Arbeitsspindeln dar. Der eine Polierer oder Schleifer kann bei dieser Maschine seine Scheibe auswechseln, ohne daß sein Arbeitskamerad gestört wird; denn jede Arbeitsspindel kann bei laufendem Motor unabhängig voneinander abgeschaltet werden. Der Motor dieser Maschine wurde eigens für den besonderen Zweck gebaut. Maßgebend für die Formgebung mußte sein, daß der Motor auch bei der Bearbeitung von größeren Werkstücken nicht hindernd im Wege stand. Er mußte also im Durchmesser möglichst klein gehalten werden. Es ergab sich hierdurch eine breite Bauart, wodurch eine günstige Lagerung der Schleifwelle entstand. Ein schwingungsfreier Lauf wurde durch die Verwendung einer im Durchmesser sehr stark gehaltenen Achse erzielt. Die schweren Maschinen erhielten auf jeder Seite je 2 Kugellager, die mit kurzem Zwischenraum in einer Lagerkammer laufen. Gegen das Eindringen von Staub sind die Lagerkammern ge-

[1] Der Firma Herm. Lange, Solingen.

schützt, wie auch die ganze Maschine vollkommen geschlossen ist. Auch bei längerer Überlastung wird die Maschine nicht übermäßig warm; hierzu trägt auch die sehr reichliche Berechnung des elektrischen Teils bei. Da kein Motor so stark überlastet wird, wie gerade der Schleif- und Poliermotor, ist dies zu begrüßen.

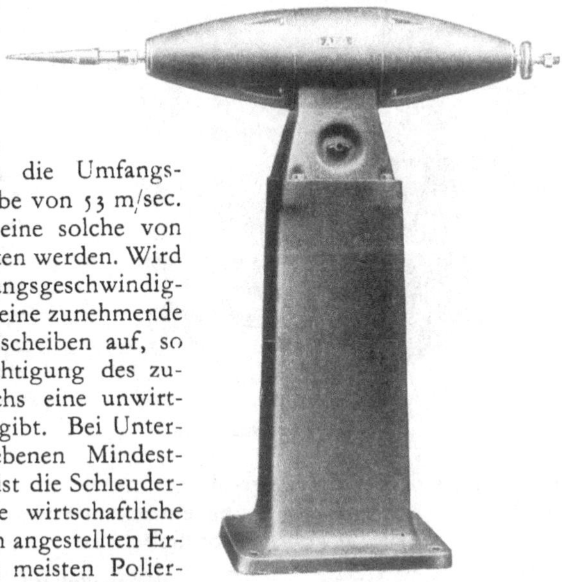

Abb. 102. Poliermaschine auf halbhoher Säule.

Beim Polieren mit Schwabbelscheiben sollte die Umfangsgeschwindigkeit der Scheibe von 53 m/sec. nicht überschritten und eine solche von 43 m/sec. nicht unterschritten werden. Wird die erwähnte Höchst-Umfangsgeschwindigkeit überschritten, so tritt eine zunehmende Steifigkeit der Schwabbelscheiben auf, so daß sich unter Berücksichtigung des zunehmenden Kraftverbrauchs eine unwirtschaftliche Polierarbeit ergibt. Bei Unterschreitungen der angegebenen Mindest-Umfangsgeschwindigkeit ist die Schleuderkraft zu gering, um eine wirtschaftliche Leistung zu erzielen. Nach angestellten Erhebungen werden in den meisten Polierbetrieben Polierscheiben mit einem Durchmesser von etwa 450 mm verwendet, die bis auf einen Durchmesser von etwa 250 mm abgenützt werden sollen. Wie schon erwähnt, wird angestrebt, die Umfangsgeschwindigkeit in den Grenzen zwischen 53 und 42 m/sec. zu halten.

Abb. 103. Poliermaschine.

In Abb. 104 wird eine Poliermaschine gezeigt, bei welcher die annähernd gleichbleibende Umfangsgeschwindigkeit der Polierscheiben bei abnehmendem Durchmesser durch Änderung der Polierspindeldrehzahl erreicht wird, und zwar durch Verwendung einer Stufenscheibe. In der Schnittdarstellung Abb. 105 werden die Einzelheiten der Bauart gezeigt. Vorerst ist diese Maschine für drei Drehzahlstufen ausgebildet. Werden weitere Drehzahlstufen erforderlich, so kann dies unter Verwendung eines polumschaltbaren Außenläufer-Motors ohne weiteres erreicht werden. Um die Unterschiede der Stufenscheiben auszugleichen, ist der Außenläufer-Motor schwingend angeordnet. Gleichzeitig wurde entgegen früheren Anordnungen als Antriebsmotor ein zylindrischer Außenläufer-Motor gewählt, um eine Gewichtsverminderung gegenüber einem Stufenscheiben-Außenläufermotor zu erreichen. Dadurch wurde außerdem eine vereinfachte Riemenverschiebung ermöglicht.

Abb. 104. Poliermaschine.

Die festgelegten Drehzahlen sind 2250, 2600 und 3000 U/Min. Es sei bei dieser Gelegenheit darauf hingewiesen, daß die von einzelnen Polierbetrieben gewünschte Polierspindel-Drehzahl von 2000 U/Min. durch diese Anordnungen in einfacher Weise erzielt werden kann.

Wird während des Betriebs eine Drehzahländerung erforderlich, so kann diese erfolgen, ohne daß der Motor abgestellt werden braucht, indem man den Außenläufer-Motor mittels der Anhebevorrichtung anhebt, wodurch eine Riemenentlastung eintritt und den Riemen mit dem Riemenumlenker auf die gewünschte Stufenscheibe legt.

Wie bekannt treten beim Polierbetrieb dauernd stoßweise Belastungen auf. Da der Außenläufer-Motor mit seinem weit außen liegenden Massenschwerpunkt große Energiemengen aufspeichert, werden die Stöße gegenüber der

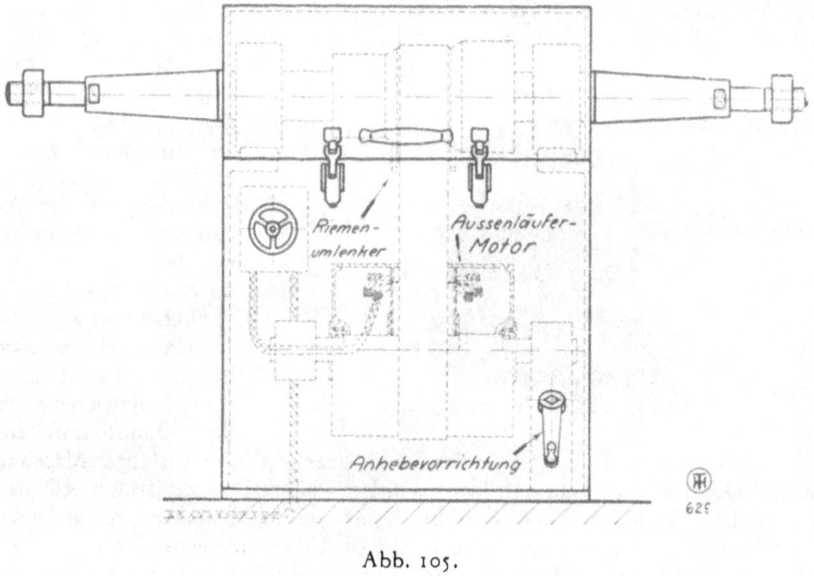

Abb. 105.

geringen Energiemenge des Läufers eines Innenanker-Motors abgefangen, und es kann gegenüber einem Innenanker-Motor ein Außenläufer-Motor mit kleinerer Leistung gewählt werden.

Abb. 106. Poliermaschine mit Schutzhauben.

Durch Verwendung eines Außenläufer-Motors ist also eine Poliermaschine entwickelt worden, die eine große Überlastungsfähigkeit besitzt und unempfindlich gegen stoßweise Belastung ist, wie sie beim Polierbetrieb auftritt.

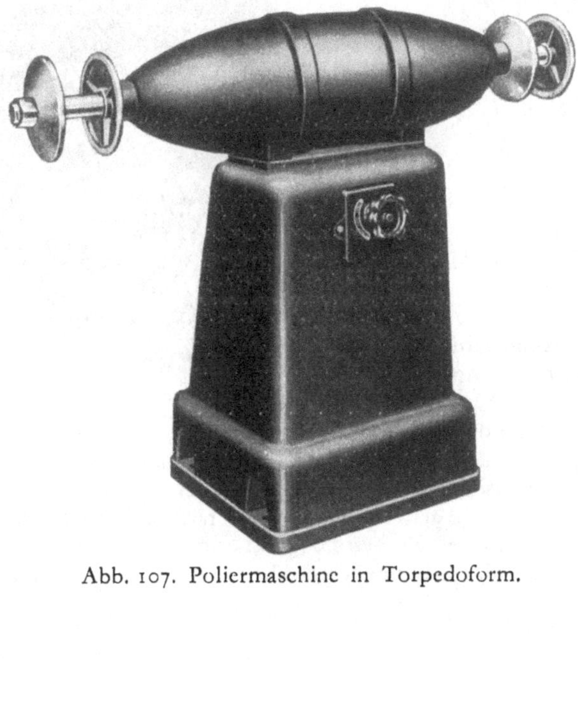

Abb. 107. Poliermaschine in Torpedoform.

Die Polierspindel wurde so weit wie möglich an die Vorderseite der Poliermaschine herangerückt, damit auch Polierarbeiten an sperrigen Werkstücken ausgeführt werden können.

In Abb. 106 wird die gleiche Maschine mit Schutzhauben und angebauten Staubabsaugungs-Rohrleitungen dargestellt.

Die in Abb. 107 dargestellte Poliermaschine „Greif" besitzt die zweckmäßige Torpedoform und gestattet daher ein leichtes Bearbeiten auch von sperrigen

Abb. 108. Poliermaschine mit Laufkatze.

Abb. 109. Radex-Poliermaschine.

Abb. 110. Polieren eines Kotflügels.

Stücken. Der Motor ist in keiner Weise hinderlich und durch die glatte Bauart wird ein Ansammeln von Schleifstaub vermieden. Der leistungsfähige Motor kann ziemlich hoch überlastet werden.

Der Hauptwert bei dieser Bauart liegt darin, daß sie dreimal kugelgelagerte Achsen hat und daß sich die Klemmplatten kurz hinter der Lagerung befinden, wodurch eine erhebliche Kraftersparnis eintritt. Auch ist der Ständer nach der Rückseite ausgeladen, wodurch die Maschine einen besonders kräftigen Halt erhält. Nur die Bauarten der Poliermaschinen, bei denen die Lagerschilder bis knapp an die Polierscheibensitze herangehen, sind leistungsfähig und von langer Lebensdauer, denn nur bei dieser Bauart ist ein Verbiegen der Achsen ausgeschlossen.

Da die Poliermaschinen oft mit hoher und niedriger Geschwindigkeit laufen müssen, können sie polumschaltbar für 1500 und 3000 Touren je Minute hergestellt werden. Dies ist gerade bei Poliermaschinen sehr wesentlich, denn die

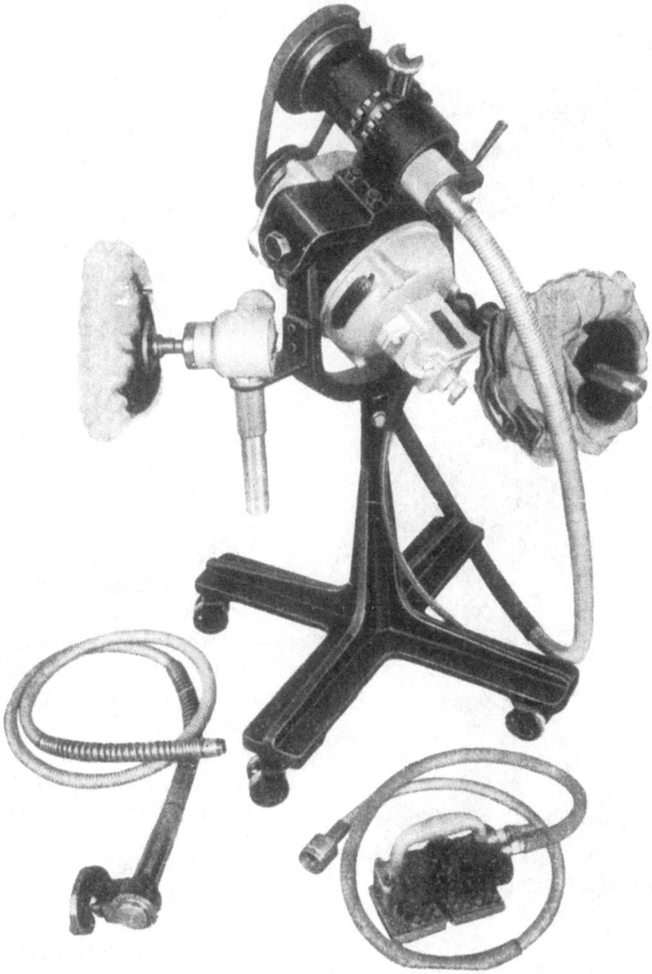

Abb. 111. Poliermaschine Ca 100.

Wirkung der Poliermaschine nimmt mit der Abnutzung der Polierscheiben und dem kleiner werdenden Durchmesser schnell ab.

Die Maschine kann mit kegeligen Wellenenden mit Gewinde oder mit zylindrischen Wellenenden mit Klemmplatten und Muttern geliefert werden, ebenso mit Staubfangkästen und Absaugevorrichtungen.

Eine Poliermaschine mit Laufkatze, die sich besonders für Karosseriefabriken eignet, wird in Abb. 108 gezeigt.

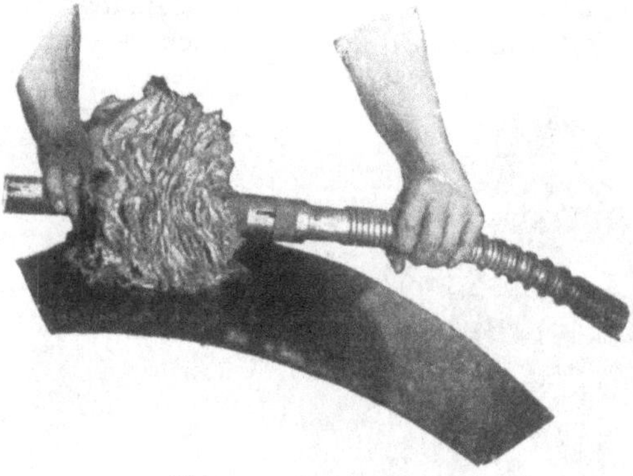

Abb. 112. Lackpolieren.

Abb. 113. Fahrbare Poliermaschine mit biegsamer Welle.

Für Polierzwecke in der Blechbearbeitung, insbesondere in Karosseriefabriken, eignet sich die in Abb. 109 dargestellte „Radex“-Poliermaschine.

In Abb. 110 wird das Polieren eines Kotflügels mit der Polierscheibe auf biegsamer Welle gezeigt. Die Maschine mit biegsamer Welle eignet sich besonders zum Polieren großer handlicher Werkstücke, die an ortsfeste Poliermaschinen schwer herangebracht werden können.

Die in Abb. 111 dargestellte fahrbare Poliermaschine Ca 100 besteht aus einem gekapselten kugelgelagerten Sondermotor von 1,75 PS mit zweiteiliger Riemenscheibe. Die Gegenstufenscheibe, die auf der exzentrisch gelagerten, mit Index nachspannbaren Transmissionswelle montiert ist, wird von dem kräftigen Keilriemen getrieben. Die Arbeitsspindel (Drehzahl 1500 und 3000) besitzt einen mit einem Griff lösbaren Verschluß für die biegsame Welle. Der ganze Satz ist in einem drehbaren Bügelständer mit Laufrollen pendelnd aufgehängt; die Einrichtung folgt dadurch jeder Bewegung der biegsamen Welle.

Bei Bandfabrikation verwendet man zweckmäßig an Stelle des Bügelständers eine Laufkatze für hängende Anordnung der Maschine.

Zu der Lackpoliereinrichtung dieser Maschine gehört eine 3 m lange biegsame Welle mit einem Durchmesser von 15/19 mm mit Kugellagerhandstück und Außenhandstück mit

Seiden- oder Wollschwabbel. Mit der Maschine, die sich zum Polieren von gespritzten Lackkarosserien gut eignet, wird eine schnelle Fertigpolitur und ein hervorragender Spiegel erzielt. Einen Vorteil in der Anschaffung bedeutet auch die Tatsache, daß die verschiedenen Werkzeuge nur an einen einzigen Antrieb angeschlossen werden können. In Abb. 112 wird das Lackpolieren gezeigt.

Die Maschine stellt eine Universalmaschine dar, bei der Werkzeuge wie die zum Blechschneiden, Blechschleifen, Spachtelschleifen, Lackpolieren oder alle anderen Zusammenstellungen, zum Beispiel mit massiven Schleifscheiben zum Gußputzen, Entgraten, zum Bohren, Bürsten und Metallpolieren leicht ausgewechselt werden können. Ein Lammfellflächeneinsatz in Verbindung mit dem Blechschleifgetriebe für Polierarbeiten ist ebenfalls lieferbar.

Eine amerikanische fahrbare Poliermaschine mit biegsamer Welle ist in Abb. 113 dargestellt.

Elektro-Polierwerkzeuge.

Bosch-Polierer.

Der Bosch-Polierer, der in Abb. 114 gezeigt wird, ist ein zweckmäßiges Poliergerät für die Behandlung von Neulackierungen, zur raschen Herstellung einer harten, glänzenden, wasserfesten Lackschicht zum Glanzpolieren, Wachsen und Auffrischen von Lackflächen, Lederbezügen usw. Er ist vor allem an schwer zugänglichen Stellen bequem verwendbar.

In Abb. 115 wird das Polieren von Lackflächen an Kraftwagen dargestellt. Der erschütterungsfreie Antrieb der Polierscheibe erfolgt durch Winkelgetriebe mit 1300—1600 Umdrehungen.

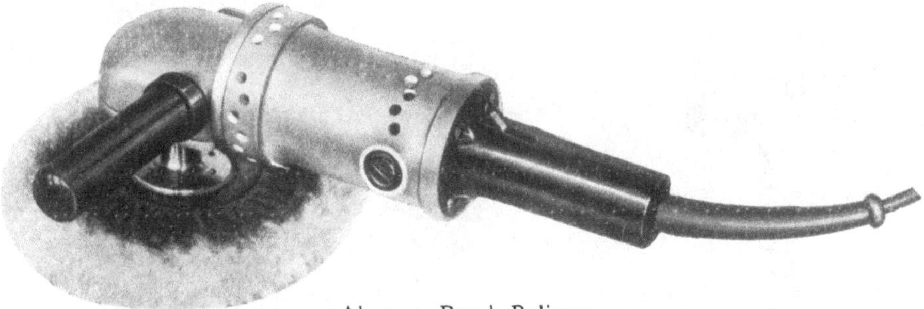

Ab. 114. Bosch-Polierer.

Der Polierer mit Universalmotor wird für 110, 150 und 220 Volt Gleich- und Wechselstrom geliefert. Zulässig sind Abweichungen in den Spannungen von etwa 5%. Die Leistungsaufnahme beträgt 350 Watt.

Zum Nachschleifen und Hochglanzpolieren von Preßformen, Biegegesenken und anderen unregelmäßig gestalteten Werkstücken verwendet man auch den in Abb. 120a gezeigten Bosch-Schleifer US 1. Wegen der hohen Spindeldrehzahl von 50000 U/min und der großen Durchzugskraft ist die Schleifleistung überaus gut. Die zeitgemäße Form des Gerätes in Verbindung mit der schlanken Spindel gestattet eine leichte und sichere Handhabung. In Abb. 116 wird das Polieren einer Preßform gezeigt.

Der in Abb. 117 dargestellte Planpolierer dient außer zum Schleifen auch zum Polieren kleiner ebener Flächen. Der aus Vulkanfiber bestehende Polierkörper arbeitet auf der Stirnseite; er ist an einem elastischen Schaft be-

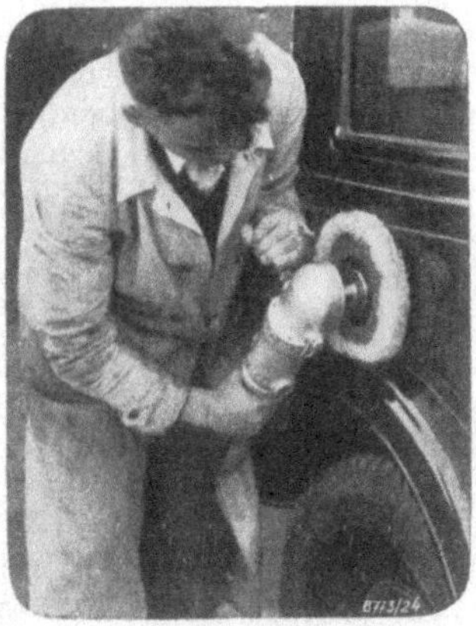

Abb. 115. Polieren der Lackfläche an Kraftwagen.

Abb. 116. Polieren einer Preßform.

festigt, damit er immer vollständig auf der zu bearbeitenden Fläche aufsitzt. Der Planpolierer arbeitet unter Anwendung von Schleifpaste und Öl und wird in Verbindung mit dem in Abb. 75 gezeigten Handstück F Z 6 verwandt.

Je nach Art der auszuführenden Arbeiten macht die Scheibe bis 3000 Um-

Abb. 117. Plan-Polierer S 30.

Abb. 118. Polieren einer Matritze mit dem Planpolierer.

drehungen in der Minute. In Abb. 118 wird das Polieren einer Matrize mit dem Planpolierer gezeigt.

Das in Abb. 119 dargestellte Handstück S 30 ist zur Aufnahme von rotierenden Werkzeugen mit einem zylindrischen Schaft von 6 mm Durchmesser eingerichtet. Durch eine Spannzange werden die Werkzeuge in dem Handstück, dessen Spindel geschliffen ist und auf Kugellagern läuft, festgespannt und können schnell und bequem ausgewechselt werden. Der Durchmesser des Handstückes beträgt 30 mm und seine Länge 138 mm.

Die zur Verwendung gelangenden elastischen Polierkörper sind Gummiträger, wie aus der Abb. 120 ersichtlich ist, mit 3 mm Schaft und Polierkappen.

Abb. 119. Handstück S 30.

Abb. 120. Elastische Polierkörper.

Die Polierkappen werden auf den etwas angefeuchteten Gummiträger aufgedrückt. Die abgenutzten Kappen werden mit einem Messer vorsichtig abgeschnitten, der Gummiträger kann beliebig verwendet werden.

Die Bosch-Polierkappen werden auf sehr verschiedene Art gebraucht, die beste Polierwirkung soll aber durch ganz leichten Arbeitsdruck und durch Einschmieren der Kappe mit Chromoxydpaste erzielt werden. Dieses Einschmieren der Kappe geschieht, damit die erzeugte Oberfläche sauberer wird. Nebenbei gibt auch das Fett in der Chromoxydpaste der Kappe eine gewisse

Abb. 120a.
Schleifer US 1.

Geschmeidigkeit, die ihre Lebensdauer erhöht. Die Polierkappen werden zum Vorpolieren, Fertigpolieren und Hochglanzpolieren verwendet.

Die Drehzahl, mit der die Kappen angetrieben werden sollen, ist ganz verschieden. Am besten eignet sich natürlich die sehr hohe Drehzahl des in Abb. 120a gezeigten Schleifers US 1, denn dadurch wird die Politur sehr rasch erzielt. Man kann aber die Kappen ebenso gut mit 20000 oder mit 30000 Umdrehungen antreiben. Die niedrige Drehzahl vermindert natürlich den Poliereffekt, erhöht aber auf der anderen Seite die Lebensdauer der Kappe.

Flächenpoliermaschinen.

Ähnlich wie die Hobelmaschine ist auch die Flächenpoliermaschine gebaut, bei der das Werkstück oder auch das Polierwerkzeug in eine hin- und hergehende Bewegung versetzt wird. Die seitliche Bewegung des Werkstückes oder des Werkzeuges wird durch eine selbsttätig gesteuerte Transportvorrichtung bewirkt. In diesem Falle muß der Blutstein federnd angeordnet sein, und mittels Holz- oder Lederbacken wird das Werkstück aufgespannt.

Flächen von Blechen oder Bändern werden mit der Schwabbelscheibe halbselbsttätig poliert, und zwar derart, daß das Werkstück sich unter der Schwabbelscheibe fortbewegt oder auch so, daß die umlaufende Schwabbelscheibe über das Blech hin- und herbewegt wird.

Polierautomaten.

Bei dem in Abb. 121 dargestellten dreispindeligen Polierautomat, Bauart HD (DRP.), schaltet der dreispindelige Revolverkopf selbsttätig in einem einstellbaren Zeitmaß. Die Bedienung erfordert nur die einfachsten Handgriffe, da alle Bewegungen selbsttätig geschehen. Hervorzuheben ist, daß der Arbeitsgang dauernd ohne Leerlauf erfolgt, während das neue Werkstück nur lose aufgesetzt zu werden braucht.

Abb. 121. 3-spindeliger Polierautomat, Bauart HD.

Durch die Anzahl der aufsetzbaren Nocken an einer Zeitscheibe werden die Leistung und Zeitmaß der Schaltung und somit die einzelne Arbeitsdauer bestimmt.

Beim Polieren erreicht man den günstigsten Angriff der Polierscheibe gegen das Werkstück durch Schräg- und Winkelstellung der Poliermaschine, und zwar ist diese gleichzeitige Schräg- und Winkelstellung des Werkstückes notwendig, damit bei fassonierten Rundkörpern alle Konturen von der Scheibe kräftig und gründlich erfaßt werden.

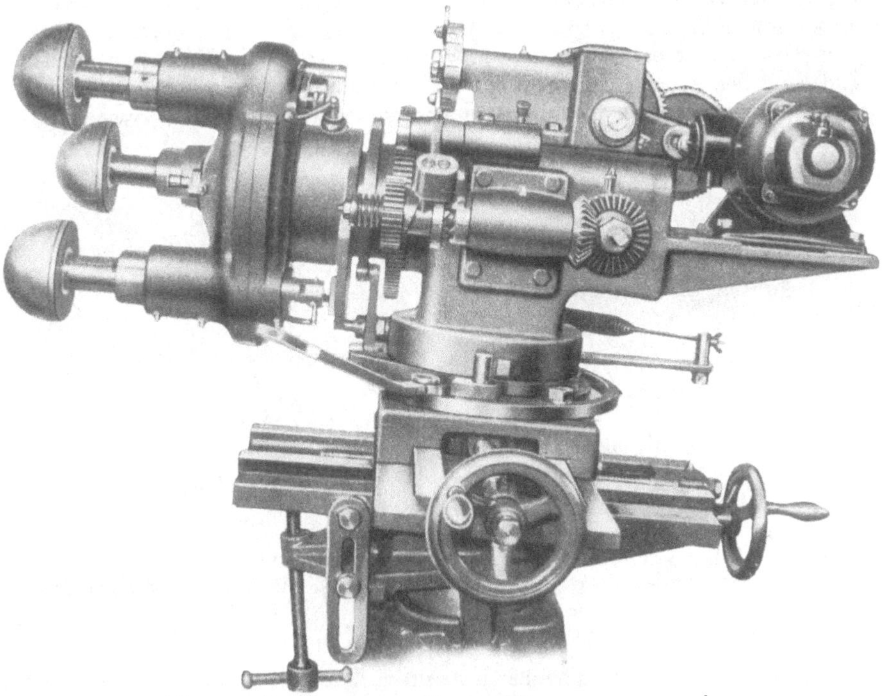

Abb. 122. Polierautomat, Bauart HD, von vorn gesehen.

Der obere Maschinenkörper ist um seine Achse leicht dreh- und feststellbar, der untere Supportschlitten kann schräg eingestellt werden. Für eine einwandfreie Bearbeitung vorteilhaft ist die selbsttätige Axialbewegung des Werkstückes vor der Polierscheibe, um die einzelnen Schleifstriche zu „verziehen". Durch eine neuartige Bauart ist die erfolgreiche Einstellung von 0—8 mm verhältnismäßig einfach vorzunehmen.

Da stets nur die eine in Arbeitsstellung befindliche Spindel eine langsame Drehbewegung erhält, erfolgt der Wechsel der Werkstücke an der vorderen Bedienungsseite. Die Drehrichtung kann einfach geändert werden. Expandierende Patronen mit Federdruck, die selbsttätig gespannt oder entspannt werden können, dienen zum Spannen der Werkstücke. Die rohen Werkstücke setzt man nur lose auf, die fertigen sind zum leichten Abnehmen oder Abstreifen entspannt, sofern nicht überhaupt das Abwerfen selbsttätig erfolgt.

Für eine gute Oberflächenpolitur ist ein elastischer Arbeitsdruck gegen die Polierscheiben jedem starren Angriff vorzuziehen.

Bei der Bauart HD läßt sich der erforderliche Arbeitsdruck durch einstellbaren Federzug regeln, so daß Werkstücke mit gewissen Abweichungen und Ungleichheiten dem Druck der Polierscheibe ohne weiteres folgen.

Ist ein Bedienungsfehler vorgekommen, so kann das augenblickliche Abheben der weiterschaltenden Maschine aus dem Bereich der arbeitenden Polierscheibe durch einen Sicherheitshandhebel sofort erfolgen und der Arbeitsgang sofort unterbrochen werden. Durch diesen Handgriff wird die Maschine auch wieder sofort in die unveränderte Arbeitsstellung zurückgeschwenkt.

In Abb. 122 ist der Polierautomat von vorn dargestellt. Entsprechend der Änderung der Polierscheiben erfolgt die Beistellung und Nachstellung in den erforderlichen Richtungen durch den Längs- und Kreuzsupport, sowie durch Höheneinstellung.

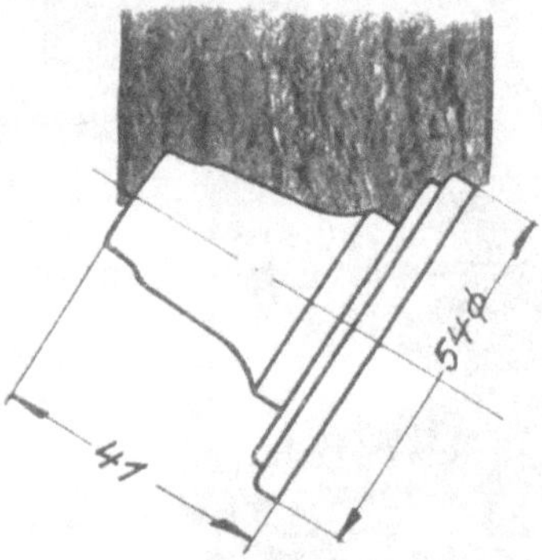

Abb. 123. Fahrrad-Dynamo-Deckel.
Messing-Polieren 6—9 Stck. je Min.
Nickel-Polieren 15 Stck. je Min.

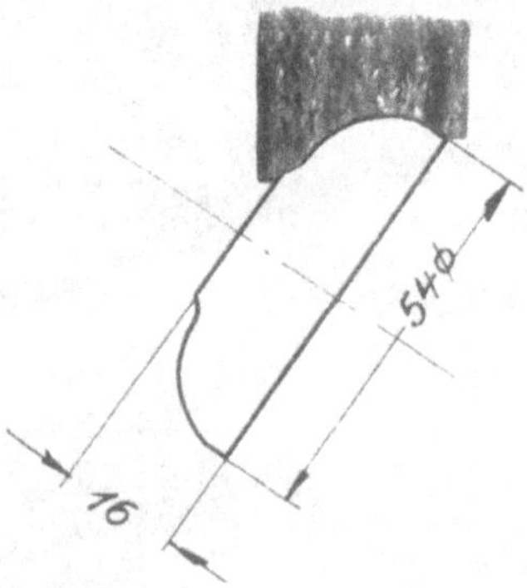

Abb. 124. Schalter-Kappe.
Messing-Polieren 12—15 Stck. je Min.

Den Antrieb der Maschine bewirkt ein aufgebauter kleiner Elektromotor für die vorhandene Stromspannung.

Der Polierautomat HD wird in links- oder rechtsseitiger Ausführung hergestellt, in gewissen Fällen können also zwei Maschinen vor einem doppelseitigen Polierbock aufgestellt werden.

Die selbsttätige Zuführung der Polierpasta wird durch eine besondere Vorrichtung ermöglicht, und zwar braucht nur ein einfaches Fußpedal betätigt zu werden, damit der Arbeiter für die Beschickung der Polierpasta beide Hände frei behält. Die Vorrichtung wird neben dem Polierbock und der Fußtritt zur bequemen Bedienung unabhängig davon beliebig am Boden befestigt. Der Pastenhalter wird bei jeder Trittbetätigung gegen die Polierscheibe geschwenkt und die Pastenstange gleichzeitig um einen genau festgelegten Betrag vorgeschoben. An einem Sperrzahngetriebe wird der Vorschub genau entsprechend der benötigten Pastenmenge geregelt. Dabei läßt sich bei Änderung des Polierscheibendurchmessers oder nach starkem Verbrauch der Halter schnell und leicht richtig einstellen.

Werden geformte Lappenscheiben verwendet, so gebraucht man zweckmäßig Pastenstangen in gleicher Breite in eckiger Form. Aber auch für runde Stangen wird die Vorrichtung geliefert, und sie kann auch so eingerichtet werden, daß beim Vorschub gleichzeitig eine Teildrehung der Stangen erfolgt.

Langjährige Erfahrung hat den Beweis erbracht, daß es zweckmäßig und sparsam ist, oft und richtig bemessene kleine Mengen der Polierpasta aufzugeben und nicht reichliche Mengen in längeren Abständen.

Aus den nebenstehenden Abb. 123—125 ist ersichtlich, wie durch die Winkeleinstellung und die übliche Schräglage Fasson und scharfe Konturen einwandfrei erfaßt werden. Bei den einzelnen Beispielen ist auch angegeben, welche minutliche Erzeugung erreicht werden kann.

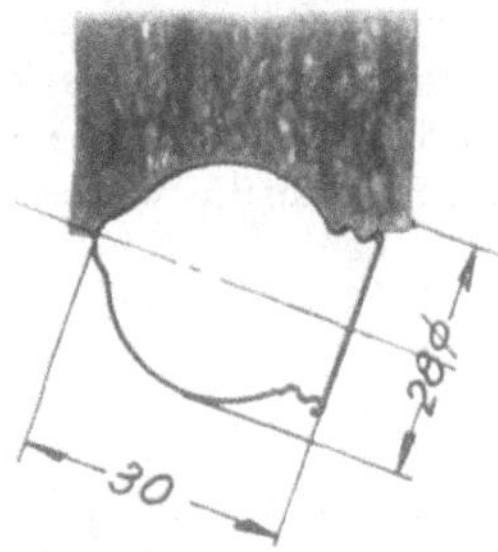

Abb. 125.
Flaschenverschlüsse.
Messing-Polieren
18—24 Stck. je Min.

Der dreispindelige Polierautomat HD findet hauptsächlich Verwendung zum Polieren runder Massenteile in der Kraftwagen-, Fahrrad-, Uhren- und Metallwarenindustrie. Zweckmäßig können auf diesem Automat Laternen- und Lampenkörper, Glocken, Schalen, Fahrradnaben und Fahrradteile, Ringe, Uhrengehäuse, Verschraubungen, Becher, Dosen, Knöpfe, Kappen, Fassungen, runde Armaturen- und Beschlagteile usw. vorteilhaft bearbeitet werden.

Halbselbsttätige Poliermaschine, Bauart APs (D.R.P.), mit Kopier-Einrichtung für runde Hohl- oder Flachkörper.

Mit den üblichen Schleif- oder Lappenscheiben lassen sich runde Massenteile aus Metall, Eisen oder anderen Werkstoffen, die gezogen, gepreßt, gedrückt oder gegossen sind, selbsttätig schleifen, bürsten oder polieren. Für die Arbeit geeignet sind runde fassonierte Hohl- oder Flachkörper (Drehkörper), die mechanisch gespannt werden können. Man kann aber auch flache Massenteile, eben oder gewellt, durch einen leicht auswechselbaren Zusatzapparat für Lang- und Flächenschliff bei auf- und abwärtsgehender und gleichzeitiger axialer Bewegung im „Kreuzschliffverfahren" mit den üblichen Schleifmitteln bearbeiten. Die Arbeitsweise dieser Maschinen (Abb. 126 und 127) ist halbselbsttätig; Bedienung erfordert nur das Wechseln der Arbeitsstücke, hingegen erfolgt der eigentliche Polier- oder Schleifprozeß selbsttätig. Auch diese Maschinen werden als links- oder rechtsseitige Ausführungen gebaut und vor einen normalen doppelseitigen Polierbock gestellt. Zum Antrieb dient ein aufgebauter kleiner Elektromotor. Durch Stirnradgetriebe erhält die Arbeitsspindel zwangsläufig eine langsame Umdrehung und gleichzeitig eine einstellbare Längsbewegung durch Hubscheibe bis 150 mm zum Vorbeiführen des Werkstückes vor der Schleifscheibe.

Die Geschwindigkeiten für die Umdrehungen der Spindel lassen sich durch Auswechseln einzelner Räderpaare ändern, unabhängig davon auch die des Vorschubs. Bei profilierten Rundkörpern läßt sich ein kopiermäßiges Vorbeiführen vor der Scheibe erzielen, weil bei der Hubbewegung eine am Spindelkopf vorgesehene Rolle einem darunter angebrachten Formlineal folgt. Der Werkstückträger steht dabei unter einstellbarem Federzug, damit ein elastischer Angriff der Scheibe erfolgen kann und jeder starre Arbeitsdruck vermieden wird. Durch Einstellung einer besonderen Nockenscheibe erfolgt nach festgelegter Polierdauer das Abschwenken des oberen Werkstückträgers von der Polierscheibe selbsttätig. Gleichzeitig wird das Getriebe selbsttätig entkuppelt, so daß man die Arbeitsstücke bei völligem Stillstand ganz bequem und dabei völlig gefahrlos wechseln kann. Um das Getriebe wieder selbsttätig einzurücken,

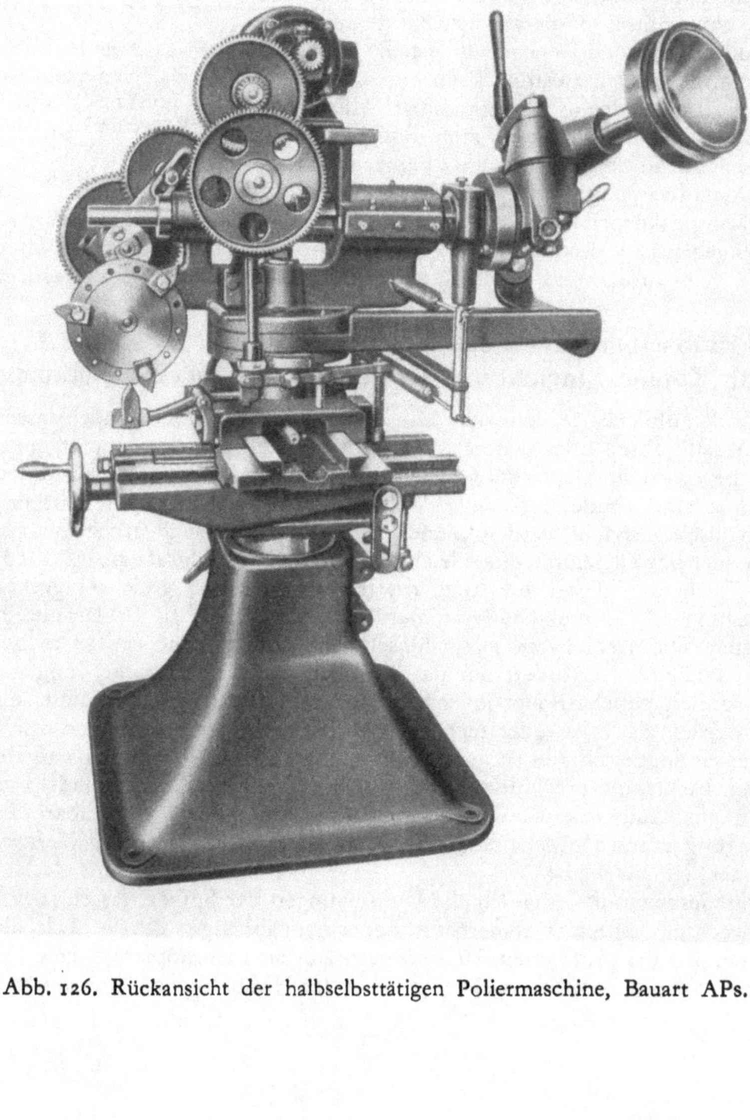

Abb. 126. Rückansicht der halbselbsttätigen Poliermaschine, Bauart APs.

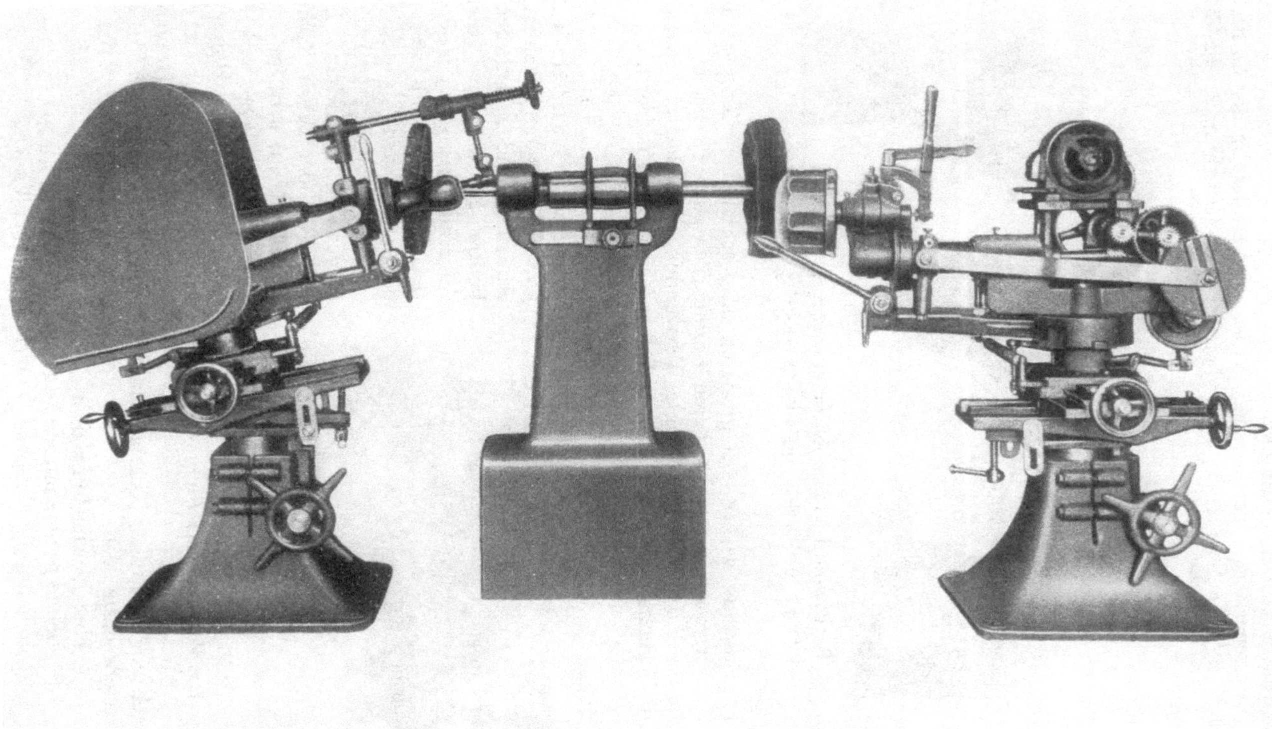

Abb. 127. Halbselbsttätige Poliermaschine, Bauart APs mit Kopiereinrichtung für runde Hohl- oder Flachkörper.

bedarf es nur eines einfachen Zurückschwenkens des Kopfes, hierdurch setzt der Polierprozeß sofort wieder ein.

Sollen Massenartikel poliert werden, so ist zur Verkürzung der Griffzeiten zu empfehlen, schnellwirkende, expandierende Hebelspannfutter, die durch

Abb. 128. Rechtwinkel-Räderkopf mit einfacher Aufnahme und Gegenhalter für Fahrrad-Kettenräder.

Federkraft selbsttätig wirken, bei größeren oder schwierigen Körpern auch Sonderspannfutter mit auswechselbaren Formbacken zu verwenden.

Einfache Hohlkörper lassen sich unter Verwendung eines wegschwenkbaren, federnden Gegenhalters durch billige Aufnahmen, z. B. aus Hartholz, aufspannen, wie aus der Abb. 128 (links) ersichtlich ist.

Abb. 129. Das Polieren einer Autorad-Zierkappe.

In Abb. 128 wird ein Rechtwinkel-Räderkopf mit einfacher Aufnahme und Gegenhalter für Fahrrad-Kettenräder gezeigt, während in Abb. 129 das Polieren einer Autorad-Zierkappe dargestellt wird.

Bei der neuen, halbselbsttätigen Poliermaschine, Bauart AKt, der Firma Kelm & Daniel, Berlin, wird im Unterschied zu der Bauart APs, bei welcher die axiale Hubbewegung durch eine Kurbelscheibe erreicht wird, die Hubbewegung durch ein neuartiges Kurventrommelgetriebe abgeleitet (D.R.P). Der Vorteil besteht darin, daß

eine gleichmäßige oder
beliebig zunehmende, oder
beliebig abnehmende Vorschubgeschwindigkeit,
beliebig einstellbare Hublänge von 0—150 mm

ermöglicht wird.

Auf diese Weise kann der Vorschub von z. B. scheiben- oder kegelähnlichen Werkstücken (großes Lampengehäuse) so eingestellt werden, daß dieser am großen Umfang langsam und mit ansteigender Geschwindigkeit zur kleinen Oberfläche an der Spitze erfolgt, um eine gleichmäßige Bearbeitung zu erzielen.

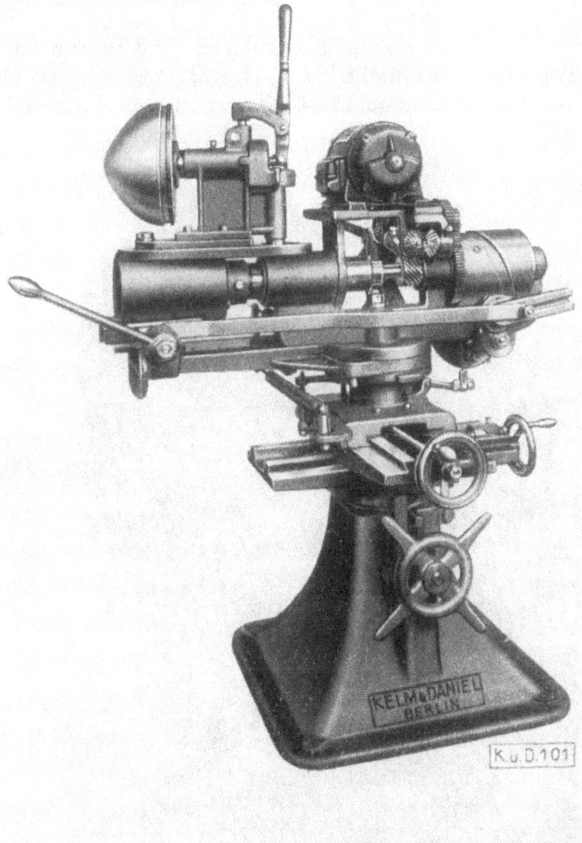

Abb. 130. Bauart AKt mit Kurventrommel-Getriebe und neuer Schwenkvorrichtung, Modell KV zum Kopieren glockenförmiger oder ähnlicher Rotationskörper.

Zylindrische Körper können mit unverändert gleichmäßiger Vorschubgeschwindigkeit auf der ganzen Länge bearbeitet werden, was bekanntlich nach dem Grundsatz der Kurbelschleife nicht erfolgen kann.

Die richtig angepaßte Vorschubgeschwindigkeit ermöglicht nicht nur eine Mehrleistung, also Verkürzung der sonstigen Arbeitszeit, sondern gewährleistet auch eine ganz gleichmäßige Bearbeitung der Werkstücke. Abb. 130

zeigt diese Maschine ausgebildet mit einer besonderen Schwenkvorrichtung und aufgesetztem Scheinwerfergehäuse, wobei das Polieren des umlaufenden Werkstückes durch eine korrekte Schwenkung nach Kopierstück vor der Scheibe erfolgt und diese Geschwindigkeit dabei vom äußeren Durchmesser zur Spitze ansteigend vor sich geht.

Selbsttätige Pließtmaschinen.

Eine selbsttätige Pließtmaschine stellt die Bauart A. P. M. VIII der Firma E. Siepmann & Co., Solingen, dar.

Auf einem kräftigen, als Kasten ausgebildeten Fuß ist der Tisch sowie der Motor oder für Transmissionsantrieb der Lagerbock gelagert. Die Hin- und Herbewegung des Tisches geschieht durch ein in den Kastenfuß eingebautes

Abb. 131. Pließtmaschine, Bauart A.P.M. VIII.

Getriebe und durch Kulissen. Durch ein Handrad kann der Tisch auf jeden beliebigen Hub je nach Länge der Messer eingestellt werden. Durch besondere, an den Maschinen angebrachte Feineinstellungen ist die Maschine auf das allergenaueste einzustellen. Die Maschinen sind gut durchkonstruiert; sämtliche Wellen und Getriebeteile, die hoch beansprucht werden, sind gehärtet und geschliffen und laufen in Sonderbronzelagern. Die Abdichtung gegen Schmutz ist eine gute, der verbrauchte Schmirgel wird wieder aufgefangen. Zum Auf- und Abmontieren einer Polierscheibe braucht nur eine Schraube gelöst zu werden. Die Maschine arbeitet vollkommen selbsttätig, es ist nur das Messer auf die Spannvorrichtung zu legen und die Maschine einzuschalten. Sobald ein Messer fertig ist, setzt sich die Maschine still. Dadurch wird eine Gleichmäßigkeit in der Qualität erzielt, die vom Handarbeiter kaum erreicht werden kann.

Selbsttätige Hochglanz-Poliermaschine.

Eine ausgesprochene Sondermaschine der Maschinenfabrik E. Siepmann & Co., Solingen, stellt die abgebildete „Selbsttätige Hochglanzpoliermaschine, Bauart WPM/g" dar.

Abb. 132. Selbsttätige Hochglanzpoliermaschine, Bauart WPM/g.

Das groß und kräftig gehaltene Bett verhindert trotz der hohen Umdrehungszahl der Polierwalzen jede Schwingung. Die Getriebe laufen in einem Ölbad, wodurch der Maschine eine zentrale Schmierung gegeben wird. Alle laufenden Teile sind, soweit wie möglich, mit Schutzabdeckungen versehen und so gegen Staub und Schmutz genügend gesichert. Die Abdeckung der Polierwalzen ist so ausgestattet, daß an der Rückseite ein Stutzen angebracht ist und als Staubkasten dient, der an die vorhandene Ventilation angeschlossen werden kann. Alle Teile der Maschine sind reichlich kräftig gehalten, alle Wellen sind sauber

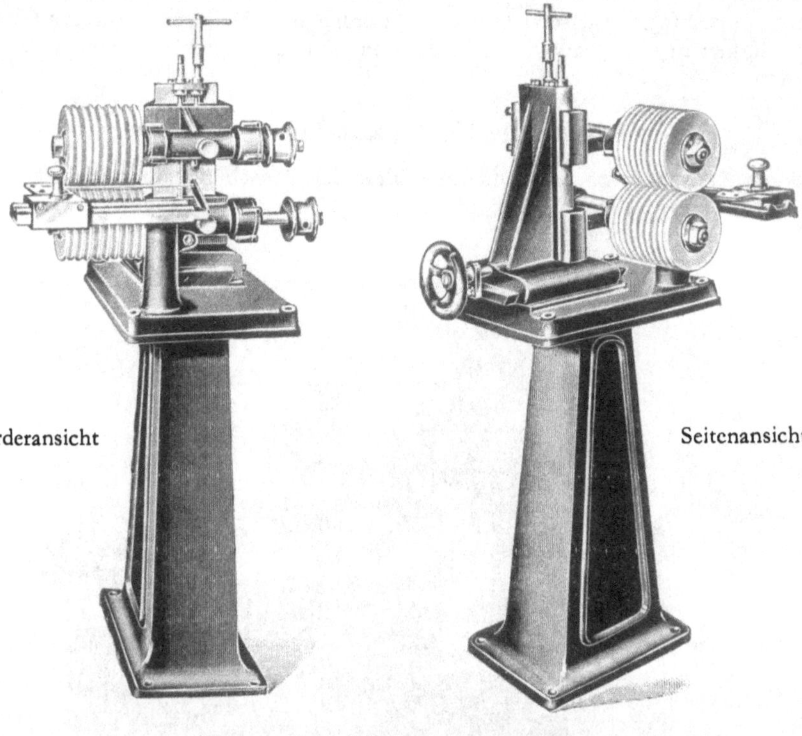

Vorderansicht Seitenansicht

Abb. 133. Rasierklingen-Poliermaschine.

geschliffen und laufen in Kugelbronzelagern. Der Antrieb erfolgt durch eingebaute Elektromotoren; Anlasser und Schalter sind an der Maschine angebracht. Durch die großen Abmessungen der Polierwalzen wird eine größere Anzahl von Messern oder flachen Gegenständen gleichzeitig auf zwei Seiten poliert. So können z. B. 24 Stück Tischmesser von 5¼″ je nach der geleisteten Vorarbeit in 3—5 Minuten beiderseitig und 40—45 Taschenmesser in derselben Zeit poliert werden. Durch eine besondere Bauart kann die Maschine nur mittels eines Handrades auf jede Länge, d. h. von 50—300 mm, eingestellt werden.

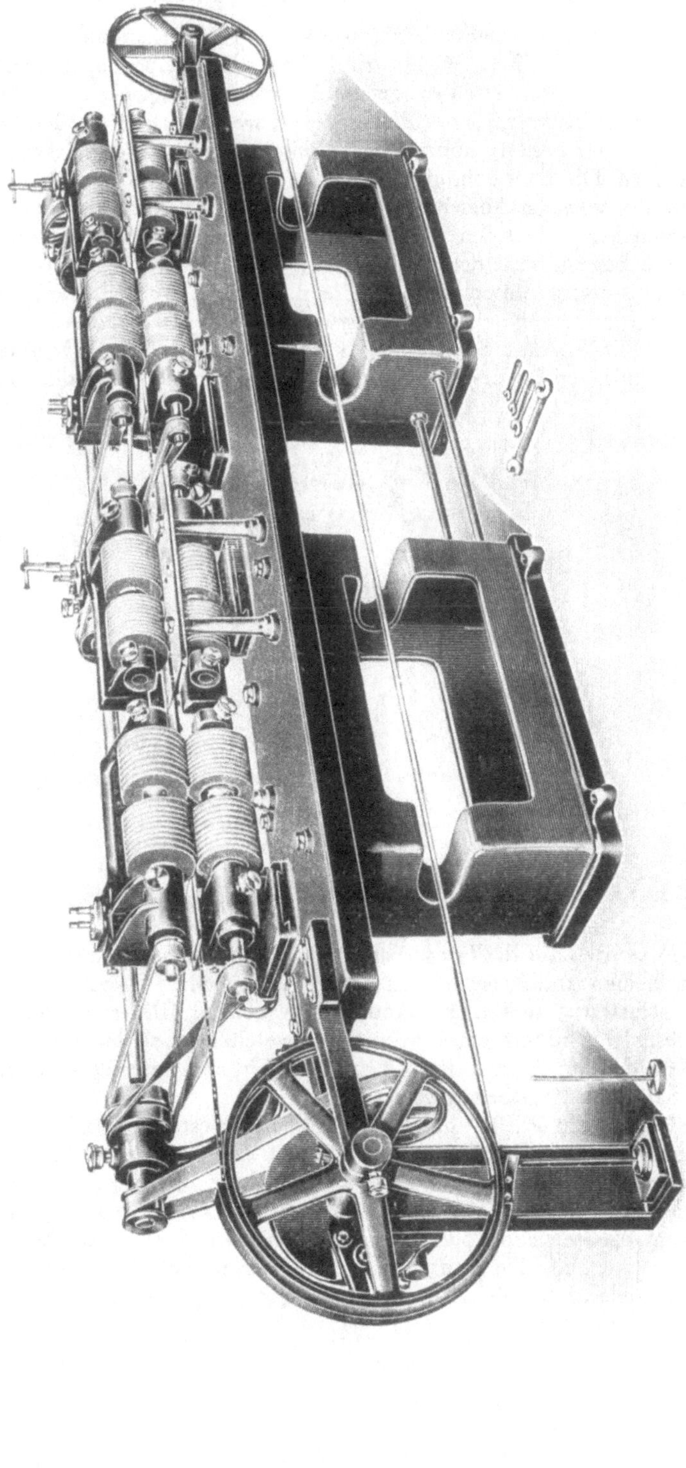

Abb. 134. Rasierklingen-Polier- und Abziehautomat kombiniert.

Rasierklingen-Poliermaschinen.

Bei der in Abb. 133 dargestellten Rasierklingen-Poliermaschine der Firma Otto Jansen & Co., Solingen-Weyer, sind die Lederscheiben übereinander in der Höhe und seitlich verstellbar gelagert, so daß die Polier- und Abziehmaschine auf jede beliebige Schneide eingestellt werden kann. Da die Abziehscheiben ineinander greifen, können beide Seiten der Schneide gleichzeitig abgezogen werden. Die Drehrichtung der Scheiben ist von der Klinge abgerichtet.

Mit Hilfe des vor den Abziehscheiben liegenden Schiebers wird die Klinge 2—3 mal schnell zwischen den Abziehscheiben hin- und hergezogen. Mit der rechten Hand bewegt man den Schieber auf die Stifte des Schiebers.

Die Leistung dieser Maschine beträgt je nach der Geschicklichkeit des die Maschine bedienenden Mädchens in achtstündiger Arbeitszeit 4000—6000 Stück Klingen. Der Kraftbedarf beträgt 0,2 PS und die Umlaufszahl 1700/min.

Einen Rasierklingen-Polier- und Abziehautomat kombiniert zeigt die Abb. 134.

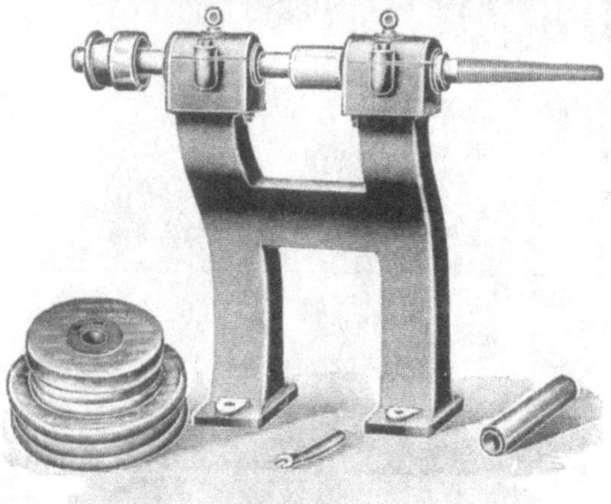

Abb. 135. Pließt- und Polierapparat.

Die Klingen werden auf das Förderband gelegt, sie gehen selbsttätig zwischen den Polierscheiben und zwischen den Abziehlederscheiben. Die Klingen legen sich dann selbsttätig auf einen Ständer. Das genaue Einstellen der Lederscheiben geschieht mittels eines Schlüssels, welcher die senkrechten Spindel bedient. Die erzielte Politur ist gut und der Abzug besonders sanft. Die Maschine hat einen Kraftbedarf von 2 PS.

In Abb. 135 ist ein Pließt- und Polierapparat dargestellt, der zum Pließten und Polieren sämtlicher Stahlwaren bestimmt ist. Die kegelige Welle dient zur Aufnahme von kleinen Pließt- und Polierscheiben für das Seitenpließten und Polieren der Rasiermesser. Bei Benutzung von größeren Pließt- und Polierscheiben zum Pließten und Polieren der übrigen Stahlwaren wird eine dickere Büchse auf die kegelige Welle aufgeschraubt. Der Kraftbedarf beträgt ebenfalls 0,2 PS. Die Welle ohne Büchse macht 3000—4000 und mit Büchse 1500 Umdrehungen in der Minute.

Abb. 136. Bandpoliermaschine.

Zu den Einrichtungen, die der Vorbereitung des Rasierklingenmaterials dienen, gehört die in Abb. 136 dargestellte Bandpoliermaschine zum Polieren des Stahlbandes, während das in Abb. 137 gezeigte Rasierklingenrollfaß zum Entfetten der Klingen vor dem Ätzen dient. Die Klingen werden von allem Fett befreit, indem man sie zusammen mit Sägemehl in das Rollfaß legt und dasselbe einige Zeit laufen läßt. Das Rollfaß macht 30 Umdrehungen in der Minute, der Kraftbedarf beträgt 0,1 PS.

In achtstündiger Arbeitszeit lassen sich etwa 20000—25000 Stück Klingen entfetten.

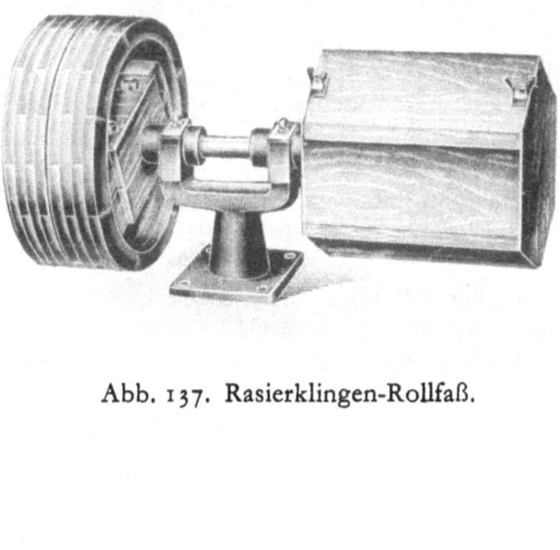

Abb. 137. Rasierklingen-Rollfaß.

Kombinierter Polier- und Abziehautomat für Rasierklingen, Bauart PABL.

Auf dem Maschinenbett des in Abb. 138 dargestellten Rasierklingen-Polier- und -Abziehautomaten der Firma Wloka, Solingen, sind hintereinander, in Quersupporten genau verstellbar gelagert, sechs Doppelspindelstöcke aufmontiert, von denen die drei ersten auf der hinteren Fläche des Bettes und die drei weiteren auf der vorderen Fläche des Bettes angeordnet sind. Aus dieser Anordnung ergibt sich, daß von den ersten drei Doppelspindelstöcken die Schneiden an der einen Seite der Klingen und von den nächsten drei Doppelspindelstöcken die Schneiden an der anderen Seite der Klingen behandelt werden. Jeder Doppelspindelstock besitzt oben zwei Handräder, vermittels deren die die Polier-, Filz- bzw. Abziehscheiben tragenden, in Kugellagern laufenden Spindeln, unabhängig voneinander, nach oben oder unten verstellt werden können. Die

Abb. 138. Kombinierter Polier- und Abziehautomat für Rasierklingen, Bauart PABL.

horizontale Verstellung der Doppelspindelstöcke in den Quersupporten (auf das Band zu bzw. vom Band ab) erfolgt durch Handräder, welche vorne an den Supporten angeordnet sind. Das Transportband, welches auch hier über zwei an den Enden der Maschine angeordnete Scheiben läuft, gleitet mit den aufliegenden Klingen oben vor den ineinandergreifenden Arbeitsscheiben in Führungsbahnen, aus denen nur die zu behandelnde Schneide der Klingen vorsteht.

Auf den Spindeln sind zwischen den Arbeitsscheiben (Polier-, Filz- und Abziehscheiben) Distanzringe angebracht, dergestalt, daß die Arbeitsscheiben der oberen und unteren Spindeln versetzt zueinander stehen und ineinandergreifen können.

Die Auflage der Klingen auf das Band sowie die Ablage derselben in das Auffüllmagazin nach erfolgter Bearbeitung erfolgt bei dieser Maschine selbsttätig.

Die mechanischen Teile der Maschine werden von einer unten im Fuß eingebauten Transmission aus angetrieben. Der Antrieb der Spindeln erfolgt über nachstellbare Riemengleitrollen, welche auf staubdicht eingebauten Kugellagern laufen.

Vorbereitung metallkundlicher Schliffe.

In einer kleinen Abhandlung unter diesem Titel gibt Prof. Dr. M. v. Schwarz, München, seine langjährigen Erfahrungen bekannt, Schliffe für die metallkundliche Untersuchung herzurichten. Er bezeichnet als die einfachste Art das Schleifen der befeilten Metallstücke auf Schleifpapier mit einem Schmirgel oder Siliziumkarbidbelag zunehmender Feinheit, die lose auf glatt gehobelten Eisenplatten — etwa kleinen Richtplatten — aufgelegt sind. Weiterhin sagt er:

„Wenn die Schliffflächen nicht über einige Quadratzentimeter groß sind und die Zahl der hintereinander anzufertigenden Schliffe nicht zu hoch ist, dann halte ich diese Handarbeit für sehr zweckmäßig. Bei größeren Stückzahlen und bei größeren Schliffflächen ist diese Arbeitsweise aber sehr ermüdend und erfordert zuviel Zeit. Schon A. v. Martens hat deshalb auf umlaufenden Holzplanscheiben aufgeleimtes Schmirgelpapier zum Schleifen metallkundlicher Schliffe empfohlen. Man muß nur darauf achten, daß sich die Schliffe nicht stärker erhitzen, was bei abgenütztem Schmirgelpapier leicht vorkommt. Durch solche Erhitzungen wird besonders das Feingefüge, z. B. von gehärtetem Stahl, verändert. Ich ziehe deshalb das Handschleifen solcher empfindlicher Werkstoffe vor. Das Trocknen der aufgeleimten Schmirgelpapiere erfordert auch viel Zeit, und man muß eine größere Zahl von solchen vorbereiteten Planscheiben vorrätig halten.

R. L. Dowdell und M. I. Wahll[1] beschrieben eine neue Schleiftechnik, wobei mit Schleifmitteln imprägniertes Paraffin verwendet wird. Nach dem Vorschliff auf Schmirgelpapier der Körnung Nr. 0 werden solche aus Hartparaffin gegossene Scheiben verwendet, die folgendermaßen hergestellt werden: Auf der Stahlscheibe der verwendeten Poliermaschine von etwa 200 mm Durchmesser wird ein Blechrand von etwa 10 mm Höhe dicht aufgepaßt und diese Scheibe mit der Wasserwaage waagrecht gelegt. In einem Topf schmilzt man einige 100 g Hartparaffin und rührt soviel des zu verwendenden Schleifmittels ein, daß ein Brei entsteht. Davon wird auf die etwas vorgewärmte Stahlscheibe aufgegossen und nach dem Erstarren auf der Drehbank plan abgedreht. Siliziumkarbidpulver der Körnung Nr. 150 dient für den Grobschliff und Elektrokorund Nr. 400 für den Feinschliff, von dem man direkt auf die Polierscheibe übergehen kann. Unangenehm ist hier nur, daß der Drehstahl, selbst bei langsamer Umlaufgeschwindigkeit, sehr stark abgenützt wird, wenn man diese Scheiben eben abdreht.

Dieses Schleifverfahren ist tatsächlich sehr praktisch, und die folgenden Vorteile, welche die angegebenen Verfasser hervorheben, können auf Grund eigener Versuche bestätigt werden:

1. Das Schleifmittel wird nicht in die Metalloberfläche eingedrückt, was bei weichen Metallen und Legierungen sehr wichtig und vorteilhaft ist.
2. Das Verfahren ist sehr billig und wirtschaftlich (es erfordert nur das Vorrätighalten von zwei Scheiben verschiedener Körnung).
3. Die Schliffe werden nicht örtlich überhitzt, und es tritt auch kein oberflächliches Fließen oder Verschmieren der Oberfläche ein, denn das Paraffin wirkt als Schmiermittel.

---

[1] Metal & Alloys, Nov. 1933, S. 181 ff.

4. Die Fertigstellung der Schliffe erfordert nur etwa ein Drittel der Zeit wie nach dem bisherigen Verfahren. Die Schliffe weisen auch weniger Kratzer auf. Diese Arbeitsweise ist für alle vorkommenden Werkstoffe wie Aluminium, Magnesium, Kupfer und Stahl gleicherweise verwendbar.

Diese Angaben erinnern mich an einen Aufsatz von P. Weiller[1], den ich fast vor einem Vierteljahrhundert gelesen hatte, wo auch das Schleifen mit Paraffinscheiben empfohlen worden war. Weiller goß das verflüssigte Paraffin in tellerförmige Scheiben, die mit einem Rand versehen waren, und drehte sie nach dem Erkalten auf der Schleifmaschine selber (also freihändig) mit einem Hobelmesser ab, welchen Vorgang er öfter, etwa alle Tage bei starkem Betriebe zu wiederholen empfahl. Das Schleifmittel wird mit Wasser angerührt

Abb. 139. Schleif- und Poliermaschine für Metallschliffe.

und mit einem steifen Pinsel auf das Paraffin aufgestrichen. Die Umlaufzahl der Scheiben (von etwa 200 mm Durchmesser) soll etwa 300/min betragen. Als Vorteil wurde auch hier das rasche, billige und sichere Arbeiten hervorgehoben. Wenn auch das Verfahren von Dowdell und Wahll vielleicht etwas rascher geht, so scheint mir das von Weiller mitgeteilte doch auch vorteilhaft zu sein. Ein besonderer Vorteil bei der Paraffinscheibe von Weiller ist es, daß man eine verunreinigte Scheibe nur zu erhitzen braucht, denn dann sinken die groben Teilchen zu Boden, und die Scheibe ist nach dem Ebnen wieder wie eine neue zu gebrauchen. Die Politur wird dann auf der Tuchscheibe mit aufgeschlämmter Tonerde (oder Polierrot) vollendet.

Nach eigenen Erfahrungen laufen die im Handel erhältlichen Schleif- und Poliermaschinen fast alle zu rasch, bis zu $n = 2000$, was für die Herstellung

[1] Chemikerzeitung, Bd. 36. 1912, S. 321—322 und 332—333.

metallkundlicher Schliffe ungünstig ist, unnötig viel Poliertuch und Poliermittel erfordert, von dem der größte Teil unnütz abgeschleudert wird und besonders bei Poliermaschinen mit waagerechter Spindel die Kleider leicht verschmutzt.

Ich hatte deshalb schon vor vielen Jahren[1]) eine kleine Poliereinrichtung mit senkrechter Spindel, also eben liegender Polierscheibe, angegeben. Neuerdings wird eine ähnliche Polier- und Schleifmaschine nach meinen Angaben von Mechaniker Robert Mertel[2]) hergestellt, wie sie die Abb. 139 zeigt. Sie hat den Vorteil, daß die Drehzahl des Elektromotors mit einem Regelanlasser fein abgestimmt werden kann; außerdem kann durch Stufenscheiben die Drehzahl der zweiten Polierscheibe stark abgemindert und verändert werden. Die soliden Gehäuse und genau eingepaßten Deckel aus Aluminiumguß gestatten einen guten, staubdichten Abschluß.

Einrichtungen zur Herstellung von Metallschliffen.

Die große Zahl der in einem Laboratorium täglich zu prüfenden Metallproben erfordert eine möglichst in jeder Beziehung vollkommene Einrichtung. Werden auch größere Werkstücke, wie grobe Bruchstücke, ohne weiteres die Anfertigung eines einwandfreien, gut planen Schliffes gestatten, da man sie bequem mit der Hand halten kann, so ist es doch nicht immer leicht, von dünnwandigem oder rundem Material geringen Querschnitts, wie z. B. von gußeisernen Radiatoren, Röhren oder von Blechen, Drähten usw. gute Planschliffe

Abb. 140. Fünfspindelige Schleif- und Poliermaschine.

herzustellen. Entweder muß man solche kleinen Stücke in niedrigschmelzende Legierungen einbetten oder man muß sie in geeignete mechanische Haltevorrichtungen einspannen. Um unnötige Schleifverluste zu vermeiden, ist es nun besonders wichtig, die Fertigstellung des Präparates in einem Arbeitsgang zu ermöglichen.

Durch mehrspindelige Maschinen, bei denen das Auswechseln von Scheiben wegfällt, läßt sich dies erreichen. Bei der in Abb. 140 gezeigten fünfspindeligen Maschine sind die horizontal laufenden Scheiben von 200 mm Durchmesser nebeneinander angeordnet. Die Gefäße lassen sich durch herunterklappbare Deckel schließen, wodurch die nicht benutzten Scheiben während der Schleif-

[1] Zeitschrift für Metallkunde, Bd. 15, 1923, S. 166—167.

[2] Zeitschrift für Metallkunde, Bd. 27, 1935, S. 96.

arbeit vor dem Verschmutzen durch abfallenden Metall- und Schleifstaub geschützt werden.

Die dargestellte Maschine wird entweder mit Vorgelege an eine Transmission oder an einen Motor direkt angeschlossen. Die Maschine ist mit einer Schleifscheibe aus Siliziumkarbid zum Vorschleifen, drei Scheiben für Schleifpapier verschiedener Körnungen und mit einer Polierscheibe zum Beziehen mit Filztuch ausgerüstet. Hierdurch wird es möglich, einen Schliff vom rohen Bruchstück bis zum hochglanzpolierten Präparat in einem Arbeitsgang herzustellen.

Abb. 141. Einspindelige Schleif- und Poliermaschine.

Die Umlaufszahl der Schleif- und Polierscheiben beträgt etwa 500—600-minutlich, während diejenige der Siliziumkarbid-Schleifscheibe etwa 1500—1800 beträgt. Wenn auf die Siliziumkarbid-Schleifscheibe verzichtet werden kann, so kann eine zweite Polierscheibe eingeschaltet werden, die zum Polieren weicher Legierungen, wie z. B. Lagermetallen mit Samt oder Wildleder anstatt mit Filztuch bespannt wird. Für Laboratorien von Maschinenfabriken, in denen neben Stählen, Gußeisen, Gelbgußlegierungen auch sehr viele Lagermetalle verarbeitet werden, ist diese Zusammenstellung besonders zu empfehlen.

Abb. 142. Tischpoliermaschine.

Für den Kleinbetrieb kommt die in Abb. 141 dargestellte einspindelige Schleif- und Poliermaschine in Betracht, bei der die erforderlichen Scheiben durch nacheinander folgendes Auswechseln eingeschaltet werden.

Die Befestigung des Schleifpapiers auf den gußeisernen Scheiben geschieht folgendermaßen:

Die sich drehenden Scheiben werden von der Mitte aus nach dem Rand zu mit Klebwachs bestrichen und sodann von der Maschine abgenommen. Durch leichtes Hinwegstreichen mit einem mit Benzin angefeuchteten Tuch wird die Klebwachsschicht aufgeweicht und das ebenfalls mit diesem Wachs bestrichene Schleifpapier nach kurzer Zeit unter Zuhilfenahme einer Holzwalze fest angedrückt. Das Schleifpapier sitzt nun fest auf der Schleifscheibe und kann mit einem Werkzeug oder mit einer Schere zum Scheibenumfang beschnitten werden.

Die in Abb. 142 gezeigte kleine Tischpoliermaschine dient zum Polieren der von Hand geschliffenen Präparate. Sie kann an jede Hausleitung angeschlossen werden. Durch den Motor wird die Polierscheibe auf eine Umdrehungszahl von 14—1500 minutlich gebracht.

Selbsttätige Schleif- und Poliermaschine mit 4 Spindeln für Metallschliffe.

Die Herstellung von plangeschliffenen und gut polierten Metallpräparaten von Hand erfordert neben großer Erfahrung auch einen beträchtlichen Zeitaufwand. In Laboratorien, in denen täglich eine größere Anzahl von Schliffen hergestellt werden muß, wird deshalb eine Poliermaschine mit selbsttätiger Polierbewegung zweckmäßig verwendet, und zwar weil die Schliffläche vollkommen einwandfrei plangeschliffen und poliert wird und abgerundete Kanten und Schrammen nicht mehr auftreten können. Auf einer Scheibe werden drei Schliffe in derselben Zeit geschliffen oder poliert, in der von Hand ein Schliff bearbeitet werden kann.

Es findet eine volle Ausnutzung des Schleif- und Poliermaterials statt, da die Schliffe zwangsläufig über die ganze Fläche der Scheiben geführt werden.

Für zwölf Schliffe kann der Arbeitsgang vom Vorschleifen bis zum Fertigpolieren gleichzeitig durchgeführt werden. Der für einen bestimmten Stoff günstigste Schleif- und Polierdruck kann, einmal festgelegt, immer wieder eingestellt werden.

Bei der in Abb. 143 dargestellten selbsttätigen Schleif- und Poliermaschine dienen von vier nebeneinander angeordneten horizontalen Scheiben von 20 cm Durchmesser drei Scheiben zur Aufnahme von Schleifpapier verschiedener Körnung, während die vierte Scheibe als Polierscheibe mit Tuch oder Leder bespannt ist. Die dargestellte Maschine gestattet die Fertigstellung des Präparates vom rohen Stück bis hochglanzpoliert in einem Arbeitsgang ohne Wechsel der Scheiben.

Die Scheiben laufen zwecks leichterer Reinigung in innen weiß emaillierten Gefäßen, die auf einer gemeinsamen standfesten Grundplatte befestigt sind. Diese Grundplatte ruht auf zwei festen gußeisernen Füßen. Die Gefäße selbst lassen sich durch Deckel schließen. Die Scheiben haben Riemenantrieb und sind auf den in Kugellagerung laufenden Spindeln abnehmbar befestigt. Die Umlaufszahl der Schleifscheiben soll etwa 200 in der Minute und die der Polierscheibe 600 minutlich betragen.

Die Antriebsscheibe sitzt auf der Spindel der Polierscheibe und hat einen Durchmesser von 18 cm. Der Kraftbedarf der Maschine beträgt nur 0,7 PS.

Über die Töpfe werden Arme geklappt, die sich in Schliffhalter verschiedener Ausführung einsetzen lassen und über den Scheiben hin und her bewegt werden, und zwar durch einen mit dem Antrieb verbundenen Hebelmechanismus. An einer Exzenterscheibe kann der Ausschlag der Bewegung eingestellt werden. Es läßt sich also in jedem Fall die Scheibenfläche voll ausnützen. Die ausklappbaren Arme werden im Betrieb mit kegelig ineinanderpassenden Gewichten zur Er-

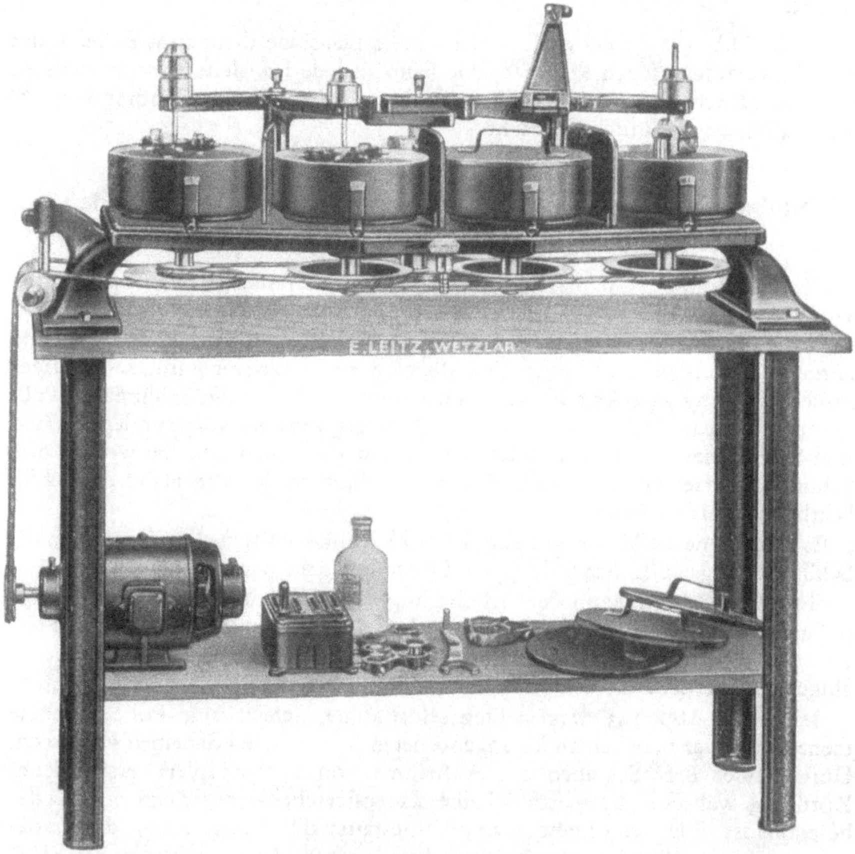

Abb. 143. Selbsttätige Schleif- und Poliermaschine mit 4 Spindeln.

zeugung des Schleifdruckes belastet. Die Schliffhalter können nach Abheben des Führungszapfens leicht von einer Scheibe auf die andere gesetzt werden.

Es sind zwei dreifache Schliffhalter für kleine und große Präparate aus rundem oder mehrkantigem Material sowie ein Halter für Blech oder ähnlichen Stoff vorhanden. Die dreifachen Schliffhalter drehen sich während des Schleif- und Polierprozesses um ihre eigene Achse, wodurch eine in jeder Weise gut polierte Fläche erzielt wird.

Die Befestigung des Schleifpapiers geschieht folgendermaßen:

Die Scheiben werden von der Mitte aus nach dem Rand zu mit Klebwachs bestrichen, hierauf von den Spindeln der Maschine abgenommen und durch ein mit Benzin befeuchtetes Tuch die Klebwachsschicht aufgeweicht und nach kurzer Zeit das ebenfalls mit Wachs bestrichene Schleifpapier mit Hilfe der Holzwalze aufgedrückt. Das so aufgebrachte Schleifpapier sitzt durchaus fest auf der Scheibe und kann zum Scheibenumfang beschnitten werden. Da die Polierscheibe mit einem Sprengring versehen ist, so kann das vor dem Auflegen angefeuchtete Tuch vollkommen eben und straff gespannt werden. An Stelle des Filztuches wird die Polierscheibe mit Samt oder Leder bespannt, wenn Weichmetalle bearbeitet werden sollen. Das Tuch wird beim Polieren mit Tonerde und Wasser angefeuchtet.

Abschnitt II b.

Entstaubungsanlagen.

Entstaubungsanlagen für Poliereren.

In Schleifereien und Polierwerkstätten spielt die Frage nach einer wirksamen Absaugung an Polierschleifscheiben (Lappenscheiben, Schwabbelscheiben, Bürsten und dergleichen) eine wichtige Rolle.

Staub und schlechte Luft hindern den Polierer an der vollen Entfaltung seiner Fähigkeiten. Entstaubungsanlagen sind deshalb heute zu einem unentbehrlichen Bestandteil einer jeden Poliererei geworden, und zwar nicht allein, weil es die gewerbehygienischen Vorschriften erfordern, sondern auch, weil saubere, staubfreie Arbeitsräume und Arbeitsstätten erzeugungsfördernd wirken.

Es ist Pflicht eines jeden Betriebes, in dem Staub bei der Bearbeitung der Erzeugnisse entsteht, für dessen restlose Beseitigung zu sorgen.

Hier hat nun die moderne Technik in Verbindung mit der Wissenschaft helfend eingegriffen, denn es sind Entstaubungsanlagen geschaffen worden, die bei zweckmäßiger Anlage alle früheren Übelstände vermeiden lassen (Abb. 144).

Abb. 144. Entstaubungsanlage.

Abb. 145. Entstaubungsanlage für Poliereireien.

Das gute Arbeiten einer solchen Absaugungsanlage ist im wesentlichen abhängig von einer technisch einwandfreien Ausführung und Anordnung der Saughauben, der Rohrleitung sowie der richtigen Bemessung des Absaugers und Staubabscheiders. Die Haube selbst muß so ausgeführt sein, daß sie die Polierscheibe von allen Seiten soweit umfaßt, wie es der Arbeitsvorgang an der Maschine eben zuläßt, um so besser ist die Erfassung des Staubes bzw. der lappenartigen Teile, die sich infolge Abnutzung von den Schwabbelscheiben lösen.

Bei technisch nicht einwandfrei ausgeführten Anlagen entstehen sehr leicht Verstopfungen durch das Absaugen von mehr oder weniger großen Lappen, weshalb nochmals darauf hingewiesen sei, daß es sehr wichtig ist, eine Absaugungsanlage vorzusehen, bei welcher durch technisch einwandfreie Rohrführung und genügend große Bemessung von Absauger und Abscheider die günstigste Luftgeschwindigkeit für die Gesamtanlage erzielt wird, nur dann sind Verstopfungen der Anlage in irgendeinem Teil sozusagen ausgeschlossen.

Auch die Bauart des Staubabscheiders spielt hierbei eine nicht unwesentliche Rolle. Es empfiehlt sich, Abscheider zu bevorzugen, in welchen durch eine zweckmäßig ausgeführte Einführungsspirale jede Wirbelbildung im Innern vermieden und eine schnelle Trennung des Fördergutes vom Luftstrom erreicht wird.

In Abb. 145 und 146 werden zwei zeitgemäße Absaugungsanlagen gezeigt.

Die in der Abb. 145 dargestellte Entstaubungsanlage saugt zum Beispiel in Metallpoliereireien den Staub an der Entstehungsstelle ab. Man hat zu diesem Zweck die Scheiben mittels Hauben verkleidet, die in der Weise an-

Abb. 146. Eine zeitgemäße Absaugungsanlage.

geordnet sind, daß der von den Scheiben abgeschleuderte Staub in tangentialer Richtung in den vom Staubabsauger erzeugten Luftstrom hineingeworfen wird. Der Staub gelangt dann durch die Saugrohrleitung in den Absauger und von diesem durch die Druckrohrleitung in den Staubabscheider. Der letztere scheidet durch eine besondere Inneneinrichtung und unter Ausnutzung der Fliehkraft die schweren Staubteilchen von der Luft ab. Die Staubteilchen fallen durch den unteren Auslauf in den Staubsammelraum, und die Luft entweicht durch das Abluftrohr ins Freie.

Bei der Einrichtung einer Entstaubungsanlage muß darauf geachtet werden, daß der Arbeiter bei dem Polieren nicht behindert werden darf und die Auswechslung der Polierscheibe ohne Zeitverluste möglich ist.

Die Absaughauben müssen dem größten Durchmesser der Scheiben und dem Arbeitsprozeß genau angepaßt werden. Vorteilhaft ist es, die Hauben auch verstellbar auszubilden, um sie den abgenutzten Scheiben anpassen zu können. Wie schon gesagt, müssen die Abmessungen der Rohrleitungen so gehalten sein, daß immer die für die Fortbewegung des Staubes erforderliche Geschwindigkeit erhalten bleibt. Für die Wirtschaftlichkeit der Anlage ist die Durchbildung der einzelnen Rohrverbindungsstellen wesentlich. Durch die richtige Bauart dieser Rohrverbindungen kann ohne Zuhilfenahme von Regulierschiebern oder Drosselklappen der notwendige, gleichmäßige Unterdruck an allen Absaugestellen erzeugt werden. Die Regulierschieber oder Drosselklappen geben zu Verstopfungen Anlaß und bieten außerdem einen unnötigen Widerstand. Für die Wirtschaftlichkeit der Anlagen darf ferner nicht außer acht gelassen werden, daß nur mit den unumgänglich notwendigen Luftgeschwindigkeiten gearbeitet wird.

Auf eine einwandfreie Lagerung der Absauger muß großer Wert gelegt werden. Normalerweise werden dieselben mit kräftiger Präzisions-Kugellagerung gebaut; sie können aber auch als Sonderausführung mit Ringschmierlagerung versehen werden. Für größere Absauger kommt Zusammenbau mit Elektromotoren unter Zwischenschaltung einer elektrischen Kupplung in Frage.

Aus den Unfallverhütungs-Vorschriften für Metallbearbeitung und sonstiges.

Poliermaschinen.

§ 175. Hölzerne Schleif- und Polierscheiben müssen aus mehreren querverleimten Furnieren oder Einzelscheiben (Dickten) bestehen. Einzelscheiben, die aus Stücken zusammengesetzt sind, müssen mit versetzten Fugen aufeinander geleimt sein. Die Seitenflächen dürfen keinen Vorsprung haben.

§ 176. Die Wellenenden der Poliermaschinen sind zu verkleiden, wenn die Enden um mehr als ein Viertel des Wellendurchmessers hervorstehen. Glatte Wellenenden unter 5 cm Länge bedürfen keiner Verkleidung, sind aber abzurunden. Innengewinde sind zu sichern.

Abschnitt III.

Die verschiedenen Arbeitsverfahren des Polierens.

Feuern, Pließten und Polieren auf spitzenlosen Maschinen.

Lange Rohre, seien dies schwarze oder gut gezogene Rohre, von Hand vernicklungs- oder verchromungsfertig zu schleifen, erfordert Geschicklichkeit, die um so größer sein muß, je länger die Rohre sind. Das gleiche gilt für das Polieren von Messingrohren oder solchen aus anderen Werkstoffen wie Kupfer, Aluminium usw. Man ist aus diesem Grunde dazu übergegangen, diese Arbeiten ebenfalls auf spitzenlosen Schleif- bzw. Poliermaschinen durchzuführen, wobei es möglich ist, mehrere Arbeitsgänge in einem Durchgang erfolgen zu lassen. Nachstehend werden derartige Maschinen sowohl wie Arbeitsvorgänge beschrieben.

Abb. 147.
Spitzenlose Poliermaschine.

Abb. 147 zeigt die kleinste spitzenlose Rundschleif- und Poliermaschine, mit welcher es möglich ist, Teile von 1—15 mm Durchmesser zu bearbeiten. Wenn im nachstehenden von „Schleifen" gesprochen wird, so handelt es sich hierbei um ein Bearbeiten mittels elastischer, beleimter Scheiben zur Erzielung eines Schönheitsschliffes, also nicht um ein Schleifen mittels keramischer Schleifscheiben zur Erzielung eines Genauigkeitsschliffes.

1. Feuern und Pließten.

Wenn es sich darum handelt, schwarzes Material blank zu bearbeiten, so wird dies nicht in einem Arbeitsgang möglich sein. Je nach dem Rohzustand ist es erforderlich, mit Körnungen 90, vielleicht sogar zuerst mit Korn 50 zu feuern, dann mit Korn 120, ferner Korn 180 und Korn 0000 geschlämmt. Für die weitere Verfeinerung der Oberfläche würde dann ein Bearbeiten mit Korn 0000 geschlämmt unter Zugabe von Rindstalg erforderlich sein und zum Schluß ein Bürsten mit Fiberbürste unter Zugabe von feinstem Ölschmirgel.

Als Scheiben kann man solche aus verschiedenstem Material verwenden, so z. B. solche aus Filz, in verschiedener Güte, worunter weißer Merinofilz der beste ist, ferner aus Köper in verschiedenen Stärken und Festigkeiten, lose und gesteppt, wobei auch die Entfernung der Steppnaht eine Rolle spielt, und Nessel. Für beleimte Scheiben verwendet man in der Regel Filz oder genähten Köper. Die Beleimung wird folgendermaßen durchgeführt:

Die sauber abgedrehte Scheibe, sei dies Filz oder gesteppter Köper, wird auf der Oberfläche mit Leimwasser eingestrichen, so daß dieses sich tief einsaugt. Dann wird die Scheibe gut getrocknet und dann abgebrannt, d. h. man läßt die Scheibe laufen und hält gegen diese ein entsprechendes Werkstück aus Stahl. Hierdurch wird die Oberfläche sehr glatt. Danach streicht man die Scheibe mit bestem Büffelhautleim ein und rollt sie im Schmirgel, läßt abermals trocknen und wiederholt dies 3—4 mal. Feinen Schmirgel kann man gleich mit dem Leim mischen und mit diesem zusammen auftragen, wobei darauf zu achten ist, daß immer gut umgerührt wird, so daß sich der schwerere Schmirgel nicht zu Boden setzt. Es ist unbedingt darauf zu achten, daß die Scheiben gleichmäßig trocknen, d. h., daß sie nicht mit einer Seite gegen eine Dampfheizung liegen. Am besten ist es, wenn sie in der Luft trocknen, was für einen guten Belag für jede Beleimung mindestens eine Nacht dauert. Die Beleimungen stehen dann auch entsprechend lange auf den Scheiben, und zwar Körnung 90 etwa 1½ Stunde, Körnung 120 etwa 2 Stunden, Körnung 180 etwa 3 Stunden und Körnung 0000 geschlämmt etwa 4 Stunden. Es ist unwirtschaftlich, länger mit den Scheiben zu arbeiten, da nach den angegebenen Zeiten der Schmirgel stumpf ist und nicht mehr schneidet, sondern nur preßt. Hierdurch erwärmen sich die Scheiben dann zu sehr, so daß, besonders bei Filzscheiben, leicht ein Brennen entsteht. In gleicher Weise werden Scheiben zugerichtet, die für das Bearbeiten profilierter Teile dienen. Hier ist es besonders wichtig, daß das Abbrennen der Scheiben mit den geformten Teilen erfolgt, so daß die Form der Scheibe dann unbedingt zu der Form des Teiles paßt. Das Zurichten der Scheiben erfordert besondere Erfahrung und beeinflußt wesentlich sowohl die Wirtschaftlichkeit als auch deren Güte. Aus diesem Grunde soll man das Zurichten der Scheiben keinesfalls ungeeigneten Kräften als nicht ins Gewicht fallende Arbeit anvertrauen.

2. Polieren.

Zum Polieren verwendet man je nach dem Werkstoff, der poliert werden soll, entweder Köper, Nessel, Leinen, Woll- oder Wollfadenscheiben. Auch feine Filzscheiben können verwendet werden. Es wird ebenfalls in vielen Fällen nicht möglich sein, nur mit einem Arbeitsgang die gewünschte Politur zu erzielen, vielleicht macht sich auch bei verschiedenen Metallen[1]), wie Messing oder Aluminium, ein vorheriges Feinschleifen erforderlich, dann ein Vorpolieren mit Köperscheibe, Nachpolieren mit Nesselscheibe usw., jeweils unter Beigabe entsprechender Polierpasten. Als letzter Arbeitsgang folgt dann noch das Klären mittels weicher Scheibe und Wiener Kalk. Auch das Polieren ist Erfahrungssache und vor allen Dingen die Anwendung der geeigneten Scheiben und Pasten.

Die einfachste Maschine für die oben genannten Arbeiten ist der gewöhnliche Polierbock, mit dem alle Teile, seien dies runde oder kantige, kurze oder lange,

[1] Messing-, Kupfer- oder Aluminiumrohre brauchen vorher nicht mit Schmirgel geschliffen zu werden.

glatte und geformte, poliert werden können. Es wurden aber für das Polieren von gleichen Massenteilen besondere Maschinen gebaut, unter welche für das Schleifen und Polieren von Rohren oder Stäben, ferner von geformten Rundteilen, wie Füllhalterteile usw. die spitzenlosen Rundschleif- und Poliermaschinen fallen.

Der Arbeitsvorgang bei diesen Maschinen ist der gleiche wie bei den spitzenlosen Rundschleifmaschinen für Genauigkeitsschliff und ist in Abb. 148 gekenn-

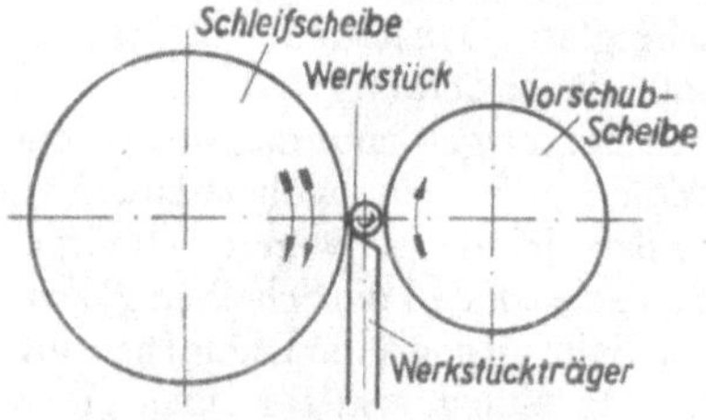

Abb. 148. Schematische Darstellung des spitzenlosen Schleifens oder Polierens.

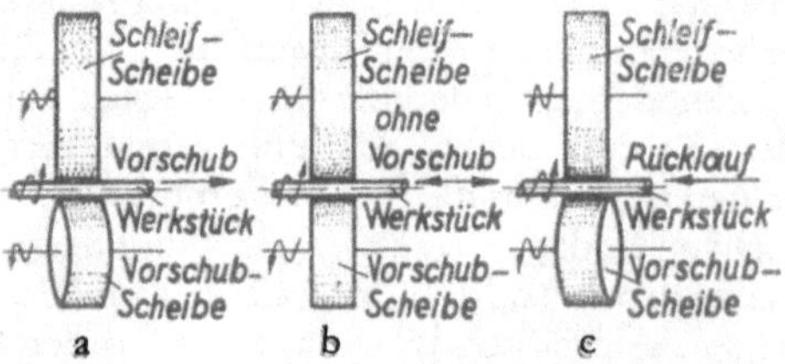

Abb. 149. Stellung der Vorschubscheibe. a) Werkstück erhält Vorschub; b) Werkstück rotiert; c) Werkstück erhält Rückschub.

zeichnet. In dieser bedeutet die linke Scheibe die Schleif- oder Polierscheibe, die rechte Scheibe die Vorschubscheibe. Zwischen beiden liegt der Werkstückträger, auf dem das Werkstück abrollt. Abb. 149 zeigt die verschiedenartige Stellung der Vorschubscheibe, wobei die Stellung a diejenige ist, bei welcher das Werkstück selbsttätig vorwärts wandert, bei b hingegen bleibt es am gleichen Platz, während bei c ein rückwärtiges Laufen stattfindet. Die Maschinen sind so eingerichtet, daß das Verstellen der Vorschubscheibe während der Arbeit vorgenommen werden kann, so daß man das Werkstück erst nach der einen Seite laufen lassen kann und dann nach Umstellung der Vorschubscheibe sofort rückwärts laufen läßt.

Abb. 150. Spitzenlose Poliermaschine RR 2.

Abb. 150 zeigt die Maschine RR 2, welche bis zu fünffach hintereinander gekuppelt werden kann, so daß es möglich ist, fünf Arbeitsgänge in einem Durchgang auszuführen, d. h. mit den Körnungen 90/120/180/-

0000 g/Bürste. In den meisten Fällen genügt diese Anzahl, um Stahlrohre vom schwarzen Zustand bis zur vernicklungsfertigen Politur zu bringen. Während die in Abb. 147 gezeigte kleine Maschine einen Arbeitsbereich bis 15 mm Durchmesser hat, geht dieser bei Maschine nach Abb. 150 bis 100 mm Durchmesser. Abb. 151 zeigt die Maschine für 200 mm Durchmesser geeignet.

Mit den vorgenannten Maschinen lassen sich gerade Rohre in Arbeitslängen schleifen und polieren; es ist dann nur erforderlich, vor und hinter den Maschinen entsprechende Führungen (in den meisten Fällen genügen Winkelrinnen aus Holz, die mit Filz ausgeschlagen sind) aufgestellt werden. Außerdem lassen sich auch Teile nach Abb. 152 außerordentlich wirtschaftlich bearbeiten, sofern es sich um Massenteile handelt, wobei es keine Rolle spielt,

Abb. 151. Spitzenlose Poliermaschine für 200 mm Durchmesser.

ob diese aus Stahl, Messing, Kupfer, Aluminium, Kunsthorn usw. bestehen (für Schleifen siehe Band 1).

Um Formteile in Massenfabrikation wirtschaftlich zu polieren, wurden die Maschinen mit den verschiedensten Zusatzvorrichtungen ausgerüstet, eine solche zeigt Abb. 153. Die Vorrichtung, welche vorn an die Maschine angeschraubt wird, dient dazu, runde Werkstücke auf einem Futter aufzunehmen, wobei dann das besonders ausgebildete Futter mit der Rückseite gegen die Vorschubscheibe läuft und von dieser in Drehung versetzt wird. Durch die eigenartige Stellung des Werkstückes im Verhältnis zur Schleif- oder Polierscheibe wird dasselbe auf dem Futter gehalten, ohne daß es mittels teuerem Spannfutter gespannt wird. Da das Futter und mit diesem das Werkstück gegen die Vorschubscheibe läuft, also eine feste Niederlage hat, kann ein sehr hoher Polierdruck ausgeübt werden, ohne daß die tragenden Maschinenteile hierbei besonders beansprucht werden. Besonders hierdurch erklärt sich die außerordentlich wirtschaftliche Arbeitsweise dieser Maschinen. Es können Teile nach

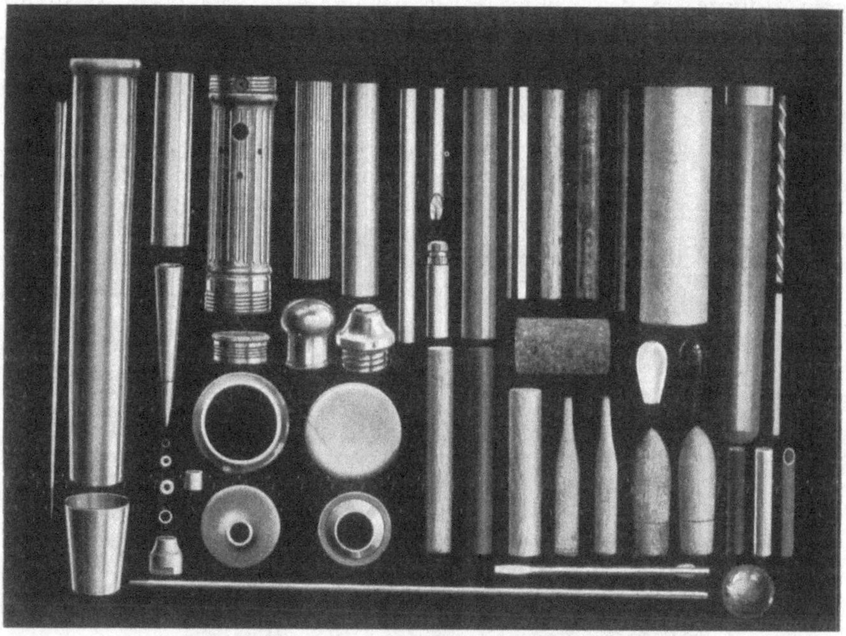

Abb. 152. Teile, die sich auf der spitzenlosen Poliermaschine wirtschaftlich bearbeiten lassen.

Abb. 154 mit diesen Maschinen, die ebenfalls in allen drei Größen Teile von 300 mm Durchmesser (Aluminiumkochtöpfe) aufnehmen, poliert werden.

Abb. 153. Spitzenlose Poliermaschine mit Zusatzeinrichtung.

Abb. 155 zeigt eine halbselbsttätige Poliermaschine, insbesondere geeignet für kleine Massenteile. Diese Maschine trägt ein Magazinrad, welches mit selbsttätigen Spannfuttern versehen ist, d. h. die Spannfutter sind in der obersten Stellung geöffnet, so daß das Werkstück aufgelegt werden kann. Beim selbsttätigen Weiterschalten spannt das Futter selbsttätig, so daß das Werkstück vor der Scheibe festgehalten wird. Durch die Drehung der Futter wird auch das Werkstück vor der Scheibe gedreht. Da das Schalten ruckweise geschieht (die Größe der Pausen kann eingestellt werden), so bleibt das Werkstück eine gewisse Zeit vor der Scheibe. Beim Weiterschalten öffnet sich das Spannfutter wieder selbsttätig, so daß das Werkstück abfallen kann.

Diese Maschine erweitert, zeigt Abb. 156. Hierbei wurde im rechten Winkel zur eigent-

Abb. 154. Mit der spitzenlosen Poliermaschine (Abb. 153) polierte Teile.

lichen Polierscheibe noch eine zweite Polierscheibe angeordnet, so daß Seite und Kopf des Werkstückes zu gleicher Zeit poliert werden können. Die Drehung der Futter erfolgt hier nur, wenn diese mit der Vorschubscheibe in Berührung kommen, d. h. also nur, wenn das Werkstück vor den Scheiben liegt.

Es muß allerdings darauf aufmerksam gemacht werden, daß bei den spitzenlosen Maschinen nur ein Rundschliff bzw. Rundpolitur zu erzielen ist; wenn also Längspolitur auf Messingrohren verlangt wird, kann das Verfahren nicht angewendet werden. Der Arbeitsbereich ist aber so groß, daß es sich immer empfiehlt, sich einmal mit dem Wesen dieser Bearbeitungsart vertraut zu machen, man wird dann im eigenen Betrieb eine ganze Anzahl Teile finden, welche sich auf diese Weise viel wirtschaftlicher polieren lassen wie bisher.

Abb. 155. Halbselbsttätige spitzenlose Poliermaschine.

Wie bereits erwähnt, ist Polieren eine Erfahrungs- und Gefühlssache; man unterschätze deshalb keinesfalls die wertvolle Arbeit des Polierers, der seine Erfahrungen auch auf die Arbeit, die mittels Sondermaschinen durchgeführt wird, übertragen kann. Wenn aber Sondermaschinen dazu dienen, nicht allein wirtschaftlicher zu arbeiten, sondern den Polierer von lästiger Nebenarbeit oder anstrengender Kraftanwendung zu entlasten, so sollte jeder Betriebsleiter sich die Neuerungen zunutze machen, sofern die erzielte Arbeit dann noch der Handarbeit entspricht. In den meisten Fällen wird er aber feststellen, daß nicht allein die Wirtschaftlichkeit gestiegen ist, sondern auch die Güte des Fertigfabrikates. Es ist bekannt, daß besonders im Schleif- und Polierbetrieb eine

Abb. 156. Halbselbsttätige spitzenlose Poliermaschine mit zwei Polierscheiben.

gewisse Gegenströmung gegen Sondermaschinen herrscht; das liegt aber in den meisten Fällen daran, daß man den Wert der Maschinen nicht erkannt hat und der Annahme ist, diese soll den Polierer von seinem Arbeitsplatz verdrängen. Das ist durchaus nicht der Fall. Jede Maschine, richtig angewendet, bleibt unser Helfer, wir dürfen uns nur nicht selbst zu Sklaven der Maschine machen.

Das Polieren von Aluminium.

Zum Polieren von Aluminium dienen im allgemeinen die gleichen Mittel und Vorrichtungen wie beim Polieren anderer metallischer Werkstoffe. Es kommt nur gegebenenfalls ein Arbeitsgang mehr in Betracht, und zwar zu dem Vorschleifen, Feinschleifen und Polieren noch das Glänzen.

Aluminium hat eine ausgezeichnete Wärmeleitfähigkeit und eine hohe spezifische Wärme. Hierdurch ergibt sich die rasche und starke Erwärmung des ganzen Werkstückes beim Schleifen und Polieren. Der Arbeiter muß deshalb durch abwechselnde Bearbeitung mehrerer Stücke für genügende Abkühlung sorgen und seine Hände durch Tücher oder Handschuhe schützen.

Die Arbeitsgeschwindigkeit spielt bei der Bearbeitung von Aluminium eine große Rolle. Bei Leichtmetallen sind überhaupt viel größere Arbeitsgeschwindigkeiten einzuhalten als bei anderen Metallen. Je größer die Umlaufsgeschwindigkeit gewählt wird, desto sauberer ist das Schleifergebnis. Eine Schleifscheibe mit einem Durchmesser von 400 mm soll z. B. eine Umdrehungszahl von 2500 in der Minute erhalten.

Bei Werkstücken aus Aluminium, die eine unansehnliche Oberfläche haben, werden zunächst die größten Unebenheiten durch Vorschleifen beseitigt. Nach dieser Arbeit folgt das Feinschleifen unter Verwendung von verschieden gekörntem, feinem Stahlkorn. Da die Güte der zu liefernden Arbeit von dem Schleifkorn und Schleifpulver abhängt, muß man in der Auswahl des zur Anwendung gelangenden Pulvers vorsichtig sein und nur solches bester Güte wählen. Vor allem ist darauf zu achten, daß eine gleichmäßige Korngröße verwendet wird, weil sonst tiefe Kratzer im Werkstück entstehen, die durch keinen Poliervorgang wieder restlos zu entfernen sind.

Das Polieren setzt sich aus zwei Arbeitsgängen zusammen: dem Vorpolieren und dem Fertigpolieren. Für den ersten Arbeitsgang verwendet man Schwabbelscheiben aus Flanell, Zellstoff, Filz usw. Auch Stoffreste von alten Schwabbelscheiben lassen sich wieder verwenden. Bei dem zweiten Arbeitsgang, dem Fertigpolieren, werden Schwabbelscheiben aus weichem Leder benutzt. Die Schwabbelscheiben muß man von Zeit zu Zeit mit einem scharfkantigen Gegenstand abziehen. Zweckmäßig erfolgt das Polieren kreuz und quer zur Schliffrichtung und erst, nachdem die letzten kleinen Kratzerchen vom Feinschliff verschwunden sind, in einer einheitlichen Richtung.

Beim Polieren spielt natürlich die Wahl geeigneter Polierpasten für die Endwirkung eine große Rolle, und zwar finden äußerst feinkörnige Poliermittel bei der Herstellung dieser Pasten Verwendung.

Kalk gibt der Oberfläche des Aluminiums einen besonders schönen Glanz; daher wird dieser Stoff oft als Grundstoff für die bei der Fertigpolitur verwendeten Pasten benutzt. Auch Englischrot findet Anwendung. Man kann hierdurch die Art der Politur innerhalb verhältnismäßig weiter Grenzen verändern.

Die Leichtmetallwerke empfehlen als geeignet ein Poliermittel folgender Zusammensetzung:

200 g feinstgepulverte Tonerde,
30 g Stearin,
10 g Bienenwachs,
10 g Paraffin.

Die vorpolierten Gegenstände werden zum Glänzen mit einem Benzin-Petroleum-Gemisch oder Trichloräthylen und einem weichen Lappen in der letzten Polierrichtung sorgfältig gewaschen, mit Sägemehl getrocknet und mit einer weichen Schwabbelscheibe bei einer Poliergeschwindigkeit von 50—60 m/s ohne Verwendung des Poliermittels hochglanzpoliert. Der Hochglanz von Leichtmetalloberflächen kann leicht lange Zeit erhalten werden, wenn farbloser guter Schutzlack aufgespritzt wird.

„Artifex“-Poliermaterial eignet sich ebenfalls für das Polieren von Aluminium und Legierungen.

Der „Artifex“-Polierblock besteht aus einer nach einem besonderen Verfahren elastisch gebundenen Poliermasse, die als wirksamsten Bestandteil Siliziumkarbid enthält. Er ist mit einer patentierten öl- und wasserbeständigen Umhüllung versehen und unempfindlich gegen Terpentin, Benzin, Petroleum, Alkohol usw.

Dieses Poliermaterial hat den Vorzug, daß es sich nicht zusetzt, sich wenig abnützt und trocken und naß verwendet werden kann. Dies ist besonders wichtig, da man bekanntlich bei Naßschliff mit Petroleum bei Aluminium das beste Ergebnis erzielt.

Das „Artifex"-Material wird in allen Größen und Formen hergestellt und eignet sich auch zum Polieren von Messing, Neusilber, Zink, Zinn, zum Polieren von Bleiplatten, Flach- und Rundstereoplatten.

In der Regel wird die Blockgröße 80 × 25 × 25 mm verwendet.

Wenn es sich um Massenartikel in kleineren Abmessungen handelt, besonders auch um solche Artikel, bei denen das vorbeschriebene Polierverfahren zu teuer ist, so genügt die Behandlung in den sogenannten Rommelfässern. Hierbei verwendet man vollrunde, gehärtete und hochglanzpolierte Stahlkugeln, fügt Seifenlösung oder andere schaumbildende und oxydlösende

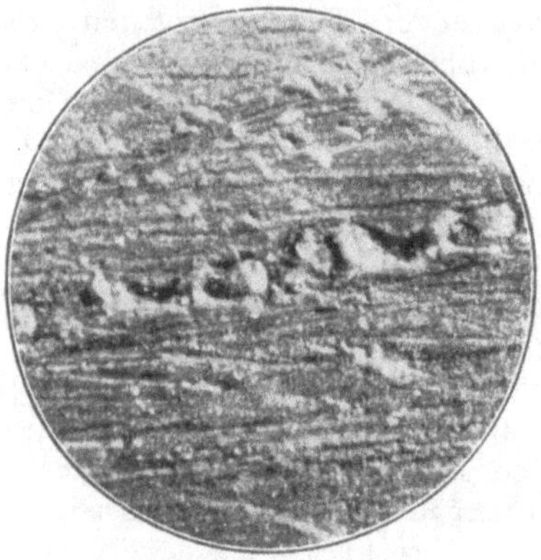

Abb. 157.
Aluminium mit Sand gescheuert.
(30 mal vergrößert.)

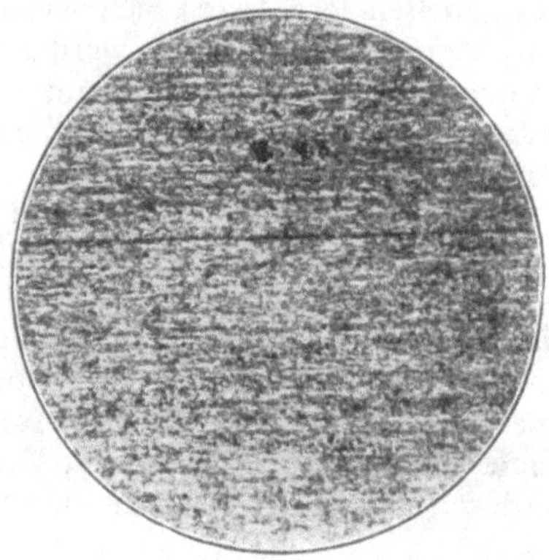

Abb. 158.
Aluminium mit Stahlwolle geputzt.
(30 mal vergrößert.)

Stoffe hinzu. Die zu polierenden Aluminiumgegenstände entfettet man vor dem Einsetzen in die Trommeln durch kurzes Eintauchen in 70—80° warme, 10%ige Natronlauge und spült darauf in fließendem Wasser. Das Rollfaß macht etwa 20 bis 40 Umdrehungen in der Minute, und zwar je nach Größe und Inhalt; die Kugeln springen dann nicht, sondern sie rollen. Die Behandlung dauert je nach Größe und Beschaffenheit etwa ½—1½ Stunden.

Nach dem Entleeren einer Füllung muß man die Trommel gut reinigen, und zwar läßt man sie zwei- bis dreimal ganz mit frischem Wasser gefüllt laufen. Damit sich keine kalte Seifenschicht ansetzen kann, werden die Arbeitsstücke nach dem Herausnehmen aus der Trommel in Regenwasser gespült, hierauf in warmen Sägespänen getrocknet; dies nimmt man zweckmäßig auch in einer Trommel vor.

Um eine sehr gute Hochglanzpolitur auf Aluminium beim Trommelverfahren zu erzielen, trommelt man zweckmäßig noch einmal in einer mit Lederabfällen gefüllten Trommel trocken nach.

Will man auf den Aluminiumflächen eine sogenannte Mattpolitur erzeugen, so bearbeitet man die Flächen zunächst mechanisch mit einer Stahldrahtbürstenscheibe, die mit angefeuchtetem Bimssteinpulver und Schlämmkreide bestreut wird.

Nach der Bearbeitung wird die Ware mit reichlich reinem Wasser abgespült, und die Flächen werden dann in einer Mischung von Chlorwasserstoffsäure und Flußsäure kurz gebeizt. Dadurch erhält man eine silberweiße, matte Tönung. Nach dem Beizen ist ein reichliches Spülen in möglichst fließendem Wasser unbedingt erforderlich.

Als Metallputzmittel, insbesondere als Aluminiumreiniger eignet sich die schon genannte Stahlwolle (siehe Seite 24), und zwar besonders deshalb, weil sie das Metall nicht stärker angreift, als es zum Reinigungszweck eben notwendig ist. Bei Töpfen, Pfannen und sonstigen Küchengeräten aus Aluminium, die oft recht verzwickte Formen aufweisen, wird eine möglichst gründliche Reinigung an nicht bequem zugänglichen Stellen, Ecken und Winkeln verlangt. Grobe Scheuermittel eignen sich nicht, da sie, wie die Abb. 157 zeigt, das weiche Metall zerkratzen und es schnell zerstören.

In Abb. 158 wird ein Aluminium gezeigt, das mit Stahlwolle gereinigt worden ist.

Aluminium zeigt sich bekanntlich alkalischen, insbesondere sodahaltigen Abwaschwässern gegenüber nicht sehr fest. Wenn aus diesem Grund nicht mit scharfem Sodawasser abgewaschen wird, ist es erforderlich, die Reinigung des Aluminiums durch die sanft wirkende, mechanische Reinigung der Stahlwolle vorzunehmen. Die Stahlwolle ist deshalb besonders geeignet, weil sie Elastizität und eine dem weichen Metall angepaßte Reinigungswirkung in sich vereinigt und in verhältnismäßig kurzer Zeit einen Glanz herstellt, der mit anderen Mitteln kaum zu erreichen ist.

Das Polieren in der Galvanotechnik.

Die glatten, von Unebenheiten freien Flächen, die zum Auftragen von metallischen Niederschlägen nach dem Galvanisierverfahren erforderlich sind, werden bekanntlich durch Polieren unter Anwendung von Poliermitteln, die mehr oder weniger spanabhebend wirken, erzeugt. Nach der Erzeugung der Niederschläge wird dann der betreffende Gegenstand mit milde wirkenden Poliermitteln geglättet und auf Hochglanz gebracht. Dies trifft zu bei kupferlegierten Metallen und bei Leichtmetall, während bei Waren aus Eisen mit kräftig wirkenden Poliermitteln zunächst vorpoliert und dann mit milde wirkenden Mitteln hochglanzpoliert wird.

Die Polierwirkung hängt unter anderem ab von der Härte des Gefüges des Poliermittels, dem Polierdruck, der Härte des zu polierenden Werkstoffes und der Abführung der abgetrennten Metallkörperchen und der verbrauchten Polierkörper. Außer durch die abschabende oder schneidende Wirkung des Poliermittels, wodurch die zu polierende Fläche auf einen gemeinsamen Höhenstand gebracht wird, wird der Glättezustand der Fläche durch die beim Polieren entwickelte örtliche Reibungswärme beeinflußt. Diese Reibungswärme kann so stark sein, daß zum Beispiel beim Schwabbeln von Britanniametall dieses zum Schmelzen gebracht werden kann. Bei geschmeidigeren Metallen kann ein Einreißen in das zu polierende Material nicht so leicht vorkommen, weil die entwickelte Reibungswärme die Außenhaut der Fläche zum Fließen und Schmelzen bringt und dadurch zum Glätten beiträgt. Es lassen sich daher am besten weiche, geschmeidige Metalle mit niedrigem Schmelzpunkt polieren, und am schwierigsten sind Chrom und Chromstahl mit sehr hohem Schmelzpunkt polierbar.

Die Oberflächenbehandlung der zu galvanisierenden Metalle zerfällt in der Regel in eine Vor- und Nachbehandlung. Wenn das Vor- und Feinschleifen beendet ist, kommt das Vorpolieren und Hochglanzpolieren zur Anwendung.

Das Werturteil über einen feinen, metallenen Gegenstand muß von dem Grundschliff und seiner Politur ausgehen. Unter allen Umständen ist also ein einwandfreier Grundschliff anzustreben, weil sonst eine in jeder Beziehung tadellose Hochglanzpolitur nicht zu erzielen sein wird. Zur besseren Übersicht und zum richtigen Verstehen sei hier die Veredlungsarbeit einer ebenen Metallfläche, wie sie zum Beispiel ein Türschild aus Messing aufweist, in einem von W. Cramer aufgestellten Beispiel dargelegt. Die vier Arbeitsgänge gliedern sich wie folgt:

1. Vorschleifen: Angriffsrichtung der Vorschleifscheibe 30—40^0 schräg zur Längsachse des Schildes. In dieser Lage Hin- und Herführung des letzteren an der Scheibe unter gleichzeitig fortschreitender Bewegung des Werkstückes nach unten, so daß bis zur Mitte vorgeschliffen wird. Hierauf Umkehrung des Werkstückes und Vorschleifen der restlichen Hälfte der Fläche in gleicher Weise wie vor.

2. Feinschleifen: Der Vorschliff wird überdeckt durch Schleifen des Werkstückes mit der Feinscheibe in Richtung der Längsform, das heißt winkelig gegen die Schleifrichtung der Vorscheibe bis zur Mitte des Schildes, sodann wieder Umkehrung und Feinschleifen der anderen Hälfte in gleicher Richtung.

3. Vorpolieren: Mit der Schwabbelscheibe von 15—20 cm Durchmesser abwechselnd die rechte und linke Kante abschnittsweise schräg angreifen und in dieser Weise bis zur Mitte gehen, umkehren und gleiche Bearbeitung wie vor. Hierauf Merkmale des Schrägangriffes seitens der Vorpolierscheibe überdecken durch kräftiges Andrücken des Schildes und Vorbeistoßen desselben an der Scheibe in tangentialer Richtung vom untersten Ende bis zur Mitte; der restliche Teil ebenso.

4. Hochglanzpolieren: Polierrichtung in Richtung der Längsformen, also mit dem letzten Strich der Vorpolierscheibe, niemals schräg zur vorhergehenden Schleifrichtung der Vorpolierscheibe. Die Reihenfolge der Angriffsrichtungen ist demnach hier schräg, längs, schräg, längs und längs.

Zum Vorpolieren bedient man sich des Schmirgels und Tripels in Form von Pasten, und zwar verwendet man Schmirgel für Eisen, Stahl, Messing, Tripel für Gold, Silber, Kupfer, Bronze, Aluminium, Zinn, Zink und Chrom.

Zum Nachpolieren dient Kalk, Polierrot, Krokus und Chromoxyd, ebenfalls in Form von Pasten, und zwar Kalk für nickelplattierte Teile und zum Hochglanzpolieren von Messing, Kupfer, Bronze und Neusilber. Polierrot wird für Edelmetalle verwendet, Krokus für Zinn und Stahlschmiedewaren, Chromoxyd zum Hochglanzpolieren von verchromten Teilen.

Die Sauberkeit der polierten Fläche hängt von der Körnung des Poliermittels und von der Umfangsgeschwindigkeit der Schwabbelscheibe ab. Je gröber das Polierkorn und je höher die Umfangsgeschwindigkeit, desto größer ist die

Schnittiefe. Zweckmäßig wählt man die Umfangsgeschwindigkeit beim Grob polieren mit 1350 m/min, beim Feinpolieren mit 3000 m/min.

Hinsichtlich des Vorpolierens sei noch folgendes ausgeführt: Beim Schleifen mit sehr feinkörnigen Schleifscheiben entstehen bereits mattglänzende Flächen, die sich aber beim Befühlen noch als rauh erweisen. Durch „Vorpolieren" müssen die einzelnen Schleifspuren deshalb vor dem eigentlichen Hochglanzpolieren weitgehendst entfernt werden. Mit einer harten und starren Polierscheibe ist dies niemals möglich. Vielmehr müssen Polierscheiben benutzt werden, die entweder durch und durch elastisch sind, z. B. Filzscheiben, oder die am Umfang mit einem elastischen Körper, z. B. Leder, belegt sind, das auf eine weniger elastische Holzscheibe aufgeleimt wird. Je elastischer die polierende Fläche ist, um so größer ist ihre Polierwirkung. Die Körner am Umfang einer elastischen, das heißt weichen Scheibe, dringen zwar in die Schleifrillen ein und reinigen sie, drücken aber auch durch ihr elastisches Zurückweichen beim Andrücken des Arbeitsstückes die kleinen Erhöhungen in die Schleifrillen, so daß die Fläche eben wird. Wenn man ein mit Fett oder Öl vermischtes feines Poliermittel auf den Scheibenumfang aufträgt, kann man das Polster zwischen Scheibe und Arbeitsstück noch elastischer und nachgiebiger gestalten.

Zum Vorpolieren kann ein noch verhältnismäßig grobes Poliermittel verwendet werden. Hierzu eignet sich, wie schon angegeben, am besten geschlämmter kleinasiatischer Schmirgel, der mit Leim zu einem Brei vermengt auf den Lederriemenbelag der Holzscheibe aufgetragen wird. Die Eignung der Polierholzscheibe hängt wesentlich von der richtigen Zusammensetzung, Vermischung und dem Auftragen dieses Breies ab. Statt der Scheiben mit Lederriemenbelag können auch die sogenannten aufgesetzten Scheiben, bei denen der Lederbelag aus Ledersegmenten, die mit der Längsfaser nach oben stehen, hergestellt wird, benutzt werden. Je nach der verwendeten Lederart und der Art des aufgeleimten oder aufgetragenen Poliermittels ist die Polierwirkung dieser Scheiben ganz verschieden. Scheiben mit hartem Lederbelag und einer Aufleimung von grobem Schmirgelpulver (in der Kleineisenindustrie werden sie Pließtscheiben genannt) üben noch eine Art Schleifwirkung aus, während Scheiben mit samtartigem Walroßlederbelag und aufgetragenem Chromoxydpolierpulver selbst für die feinsten Polierarbeiten verwendet werden können.

Die richtige Auswahl der Scheiben für den einzelnen Verwendungszweck ist Erfahrungssache. Filzscheiben geben dem Druck der Arbeitsstücke leichter nach; sie ermöglichen deshalb auch dem ungelernten Arbeiter ein erfolgreiches Polieren viel leichter, und daher verwendet man diese Art von Scheiben vielfach zum Vorpolieren.

Wie bereits erwähnt, werden zum Vorpolieren von Metallen vor dem galvanischen Bad häufig auch Filzscheiben oder Zirkularbürsten aus Stahldrähtchen verwendet.

Was nun das Hochglanzpolieren anbetrifft, durch das die Arbeitsstücke selbst für die höchsten Anforderungen „auf Glanz poliert" und veredelt werden, so erfolgt dieses Polieren in den meisten Fällen auf Lederscheiben, die mit weichem samtartigen Sämischleder bezogen sind.

Die Scheibe muß vor Benutzung mit Spiritus und feiner Poliermasse eingeglänzt werden. Für den Ungeübten ist diese Arbeit eine langwierige; denn eine Hochglanzpolitur ist nur dann zu erzielen, wenn die Glanzscheibe beim Polieren richtig zieht.

Während des Arbeitsganges wird meist lose Poliermasse oder eine Polierpaste je nach den zur Verarbeitung kommenden Materialien auf den Scheibenumfang aufgebracht.

Für das Hochglanzpolieren von galvanischen Gegenständen werden, wie schon erwähnt, vorteilhaft Scheiben aus Nessel- und Köperstoffen verwendet. Beim Polieren von Gegenständen mit Ecken und Kanten werden mit Vorliebe Tröddel- oder Schwabbelscheiben gewählt, da sie besser in Vertiefungen eindringen.

Hin und wieder kommt es vor, daß vernickelte, verchromte oder andere galvanisch überzogene Gegenstände beim Polieren nach der Galvanisierung an den Kanten durchpoliert werden. Hierdurch entsteht bei Eisenteilen eine Rostgefahr. Damit man solche Stellen schon in der Werkstatt leicht erkennen kann, wird über die verdächtigen, gut entfetteten Stellen mit einem Wattebausch eine Lösung aus 1 l Wasser und 200 g Kupfersulfat und 10 ccm konzentrierte Schwefelsäure gerieben. Sind die Stellen durchpoliert, so entsteht sofort ein roter Kupferniederschlag.

Dieses Verfahren ermöglicht eine leichte und sichere Erkennung durchpolierter galvanischer Überzüge.

Das Hochglanzpolieren elektrolytisch veredelter Waren.

Die Güte der Politur beeinflußt in großem Umfange die Verkaufsfähigkeit eines veredelten Gegenstandes. Die Eisen- und Stahlgegenstände kommen ohne Glanz aus den Bädern, sie müssen deshalb erst auf Hochglanz poliert werden, während kupferlegierte Waren in hochglanzpoliertem Zustande in die Bäder gebracht werden. Diese Arbeit muß nun mit größter Sorgfalt vorgenommen werden; besonders ist bei scharfkantigen Teilen darauf zu achten, daß der Niederschlag an den Kanten nicht durchpoliert wird. Mit Recht wird in dem vortrefflichen LPW-Taschenbuch für Galvanotechnik darauf hingewiesen, daß das Hochglanzpolieren von Nickelniederschlägen mit weißer Hochglanzpoliermasse an Schwabbelscheiben eine besonders wichtige Rolle spielt. Gerade beim Polieren kommt es neben den erforderlichen praktischen Erfahrungen darauf an, ob auch die geeigneten Poliermaschinen und Poliermittel Verwendung finden.

Die Frage, ob Schwabbelscheiben aus altem Stoff oder solche aus neuem Nessel oder Köper, der dicht gewebt und nicht künstlich beschwert ist, verwendet werden sollen, ist noch nicht ganz geklärt. Es scheint aber, daß man doch mehr und mehr zu der Verwendung von Schwabbelscheiben aus neuem Stoff übergeht.

Was nun die weißen Hochglanz-Poliermassen anbetrifft, so muß man feststellen, daß sich eine sehr große Anzahl Qualitäten auf dem Markt befindet, so daß die Wahl schwer ist. Überhaupt ist der Einkauf von Poliermitteln eine Vertrauenssache. Gerade hier sollte man auf Güte sehen; denn es befinden sich Poliermassen auf dem Markte, die infolge künstlicher Beschwerung und ungenügender Polierwirkung trotz niedrigen Preises unwirtschaftlicher arbeiten als eine zwar etwas höher im Preise stehende, aber unbeschwerte und aus reinsten Rohstoffen erzeugte Ware. Der Verbraucher der Poliermassen sollte nicht nur ein kleines Musterstück ausprobieren, sondern er müßte vielmehr, um die Preiswürdigkeit der Masse richtig zu beurteilen, längere Versuche machen und Beobachtungen über Verbrauch, Polierwirkung und aufzuwendende Polierlöhne anstellen.

Fast jede weiße Hochglanz-Poliermasse wird mit Wiener Kalk hergestellt, und es ist deshalb verständlich, daß bei längerem Lagern unter Luftzutritt eine Zersetzung eintritt. Um nun diese Zersetzung auf längere Zeit zu verhindern, ist von den Langbein-Pfanhauser-Werken A.-G. eine sogenannte Sparpackung (DRGM.) herausgebracht worden. Es ist dies eine Papphülsen-

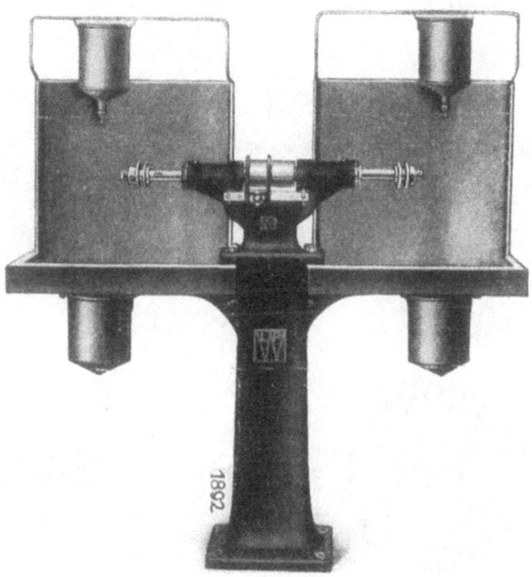

Abb. 159. Kratz-Maschine mit Kratzgarnitur.

Verpackung, während für Export die Poliermassen in luftdicht verschlossenen Blechdosen geliefert werden.

Um matt verchromte Gegenstände zu polieren, ist es erforderlich, scharfgreifende Chromgrün-Massen zu verwenden, während für ein leichtes Nachglänzen einer Hochglanz-Verchromung die für Nickel üblichen weißen Kalkmassen genügen.

Wenn es sich um sehr weiche Metalle handelt, so wird zur wirtschaftlichen Glanzerzielung galvanischer Niederschläge das Kratzen angewendet. Dieses Kratzen geschieht an Zirkular-Drahtbürsten, auf die man eine Lösung aus abgekochter Seifenwurzel oder Poliersalz „Seponal" tropfen läßt. Durch Kratzen an umlaufenden Bürsten erhalten Cadmium-, Zink- und Zinnniederschläge ein schönes glänzendes Aussehen. Auch Silber- und Goldniederschläge werden blankgekratzt; man kann sie aber auch mit gleich gutem Erfolge an umlaufenden Flanell- oder Seidenscheiben mit Polierrot auf Hochglanz polieren, wenn man nicht vorzieht, wie dies in der Besteckindustrie üblich ist, mit Polierstahl oder Blutstein zu polieren.

Schwabbel-Hochglanz-Politur auf versilberten Bestecken und Hohlwaren.

Um eine tiefe und gleichmäßige Hochglanzpolitur von zu versilbernden Bestecken und Tafelgeräten zu erzielen, ist ein tadelloser Schliff die erste Vorbedingung.

Die ausgeschlichteten Rohlinge werden auf einer Leder- oder Filzscheibe mit

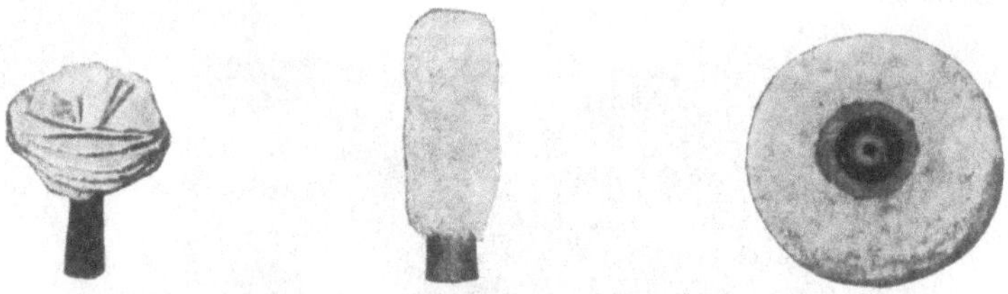

Polierkopfschwabbeln Wollpuffs Polierwollräder

Abb. 160.

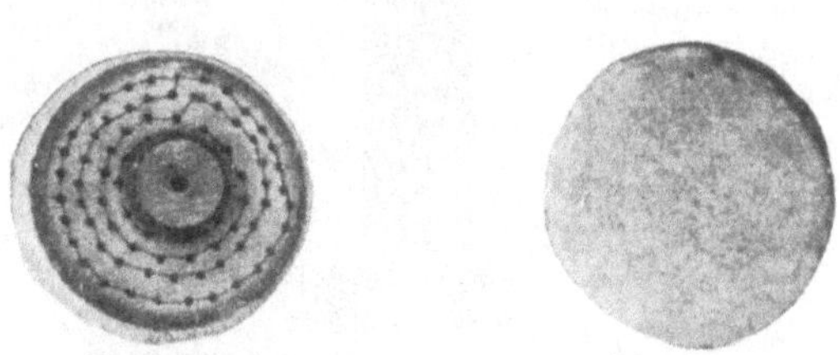

Polierwollscheiben Rückseite Vorderseite

Abb. 161.

einem Belag von Schmirgel in Körnung 5/0 gut auf Strich geschliffen und auf einer Fiberbürste gebürstet. Es muß vor allem darauf geachtet werden, daß beim Schleifen alle Unebenheiten des Rohlings entfernt und keine Poren zurückbleiben, da sie durch das Bürsten nicht entfernt werden können.

Die zur Benutzung gelangenden Schleifscheiben müssen von Zeit zu Zeit mit einem Gemisch aus Öl mit Schmirgel in Staubfeinheit oder mit Talg bestrichen werden. Man muß die Scheibe gut trocknen, und zwar mindestens 48 Stunden lang an einem mäßig warmen Ort, um zu vermeiden, daß der Schleifbelag beim Schleifen unregelmäßig ausbricht. Es entstehen sonst scharf angreifende Stellen, die die tieferen Risse im Grundmetall hervorrufen können, welche nur mit großen Schwierigkeiten durch das Bürsten entfernt werden können. Zuerst schleife man die flachen Stellen, dann die Kanten und endlich die Hohlkehlen. In der gleichen Reihenfolge wird dann gebürstet, und zwar mit Fiberbürsten, welche der Form des Arbeitsstückes angepaßt werden müssen. Gewöhnliche

Zirkularbürsten zentrischer Form können für das Bürsten von Gabeln und Messern verwendet werden. Für die Hohlkehlen werden Sonderbürsten benutzt. Man muß ein zu starkes Bürsten vermeiden, weil sich sonst die Oberkanten stark abrunden bzw. abstumpfen oder verformen.

Was nun die Nachbehandlung der versilberten Ware anbetrifft, so wird fast immer zuerst mittels Blutstein oder sogar Stahl vorpoliert. Der Blutstein bzw. der Stahl muß eine solche Form haben, daß seine Spitze geeignet ist, Laffe, Kante oder Hohlung druckzupolieren. Nicht nur wird dadurch der weiche Silberniederschlag verdichtet, man kann ihn vielmehr auch ohne Bedenken auf der Seidenscheibe abglänzen.

An dem Glanz der Politur kann man ohne weiteres erkennen, wenn die Polierwerkzeuge mit der Zeit etwas rauh geworden sind. Man muß sie dann sofort auf der Tuchscheibe kräftig vor- und dann hochglanzpolieren, weil sonst in dem Silberniederschlag Rillen entstehen, die vielleicht gar nicht wieder entfernt werden können.

Zum Ablaufenlassen auf der Seidenscheibe verwendet man zweckmäßig Pariserrot und Wiener Kalk, und zwar mäßig aufgetragen; andere Poliermittel eignen sich nicht dazu. Die zur Verwendung gelangende Seidenscheibe sollte nur so groß sein, daß sie in die Hohlungen (z. B. der Löffel) paßt. Ein weiches Überfahren der mit dem Blutstein polierten Silberwaren auf der Seidenscheibe genügt, um den letzten strichfreien Hochglanz zu erzielen. Es ist also ein ausgesprochenes Hochglanzpolieren nicht mehr erforderlich, denn es geht ja nur darum, einen Ausgleich der Druckstriche durch den Polierblutstein herbeizuführen.

Zum Innenbearbeiten von Hohlräumen wie Armringen, Serviettenringen, Kannen, Tassen, Schalen usw. werden außer dem in Abb. 73 dargestellten Polierkegel mit feinem Filz die in Abb. 160 und 161 gezeigten Kopfschwabbeln, Wollpuffs, Wollräder und Polierwollscheiben verwendet.

Das Scheuern und Polieren von Massenartikeln in rotierenden Trommeln oder Glocken.

Das Arbeitsverfahren des Scheuerns und Polierens von Massenartikeln in sich drehenden Trommeln oder Glocken bietet vielseitige Anwendungsmöglichkeiten in der Metallindustrie. Die Gestehungskosten einer ganzen Reihe von Massenartikeln, deren Einzelbearbeitung heute noch an umlaufenden Schleif- und Polierscheiben erfolgt, konnten durch Aufgabe dieser zeitraubenden Einzelbearbeitungen und durch Scheuern und Polieren in Trommeln oder Glocken ganz erheblich gesenkt und dadurch neue Absatzgebiete für die Metallwaren erschlossen werden.

Allerdings setzt die in jeder Beziehung erfolgreiche Anwendung des Trommelpolierverfahrens die Verwendung geeigneter Poliermittel und eine ziemliche Erfahrung voraus. Je nach Grundmetall, Form und Größe des zu polierenden Werkstückes müssen Länge und Durchmesser der Trommeln, Umlaufszahl, Beschickungsmenge, Scheuer- oder Polierhilfsmittel und die Polierdauer gewählt werden. Die Hersteller der Poliertrommeln und der Poliermittel haben meist mustergültig eingerichtete Versuchsanstalten und Herren für fachmännische Beratung, so daß sehr häufig das Trommelpolierverfahren auch dort eingeführt wird, wo bisher durch Anwendung ungeeigneter Mittel nur Mißerfolge erzielt worden waren.

In den umfangreichen Versuchs-Trommelpolieranlagen der Hersteller, wie

Abb. 162. Scheuer- und Poliertrommel Bauart BK 90.

z. B. der Langbein-Pfanhauser-Werke A.-G., Leipzig, werden alle Probleme von Fachleuten, die langjährige praktische Erfahrungen besitzen, bearbeitet,

Abb. 163. Scheuer- und Poliertrommeln aus Hartholz, Bauarten HK 20 und 90.

und in vielen Fällen wurde auch erreicht, daß die Poliererergebnisse erheblich verbessert und damit große Ersparnisse erzielt werden konnten.

Bei dem Trommelpolierverfahren werden zwei Arten des Verfahrens unterschieden:

1. Das Scheuern und Polieren mit greifenden Mitteln, z. B. Sand, Ton, Schmirgel, Polierrot, Lederabfälle sowie Sägespäne usw., durch Wegnehmen der Unebenheiten von Grat, Gußhaut usw.
2. Das Polieren mit Stahlkugeln und Polierflüssigkeit zur Erreichung einer glänzenden Oberfläche auf einer bereits glatten Grundlage durch Druckwirkung. Wenn die Werkstücke so geformt sind, daß sie sich bei Verwendung einer geeigneten Polierflüssigkeit gegenseitig polieren, kann das Polieren auch ohne Stahlkugeln erfolgen.

Das Scheuern, das auch Rommeln genannt wird, hat den Zweck, den Grat von gestanzten Gegenständen, wie auch Rost, Oxyd, anhaftenden Zunder und Unebenheiten zu entfernen und dient auch der Glättung von Guß usw. Werkstücke aus Eisen, Stahl, Messing, Bronze, Tombak, Aluminium, Neusilber, Silber, Gold, die nicht sperrig sind und die sich nicht schlagen, eignen sich zum Scheuern.

Das Arbeitsverfahren des Scheuern kann sowohl trocken wie unter Benutzung von Wasser vorgenommen werden; man verwendet für beide Arten Trommeln oder Glocken aus Holz oder Eisenblech. Für Eisen- und Stahlgegenstände sind Trommeln aus autogen geschweißtem Stahlblech, wie in Abb. 84 und 162 gezeigt, zu empfehlen. Für weichere Metalle eignen sich die in Abb. 163 gezeigten Holztrommeln, während Scheuerglocken für besonders empfindliche Teile zu verwenden sind.

Um ein flottes Durcheinanderwerfen der Werkstücke zu erzielen, empfiehlt es sich, den Durchmesser der Scheuertrommel ziemlich groß zu wählen; je stärker die Reibung zwischen Werkstück und Scheuermittel ist, desto besser und schneller geht der Scheuerprozeß vor sich. Je nach Beschaffenheit der Oberfläche, Grundmetall und der zu erreichenden Wirkung benutzt man als Scheuermittel

1. beim Trockenscheuern: Sand, Schmirgel, Ton, Bimsstein, Polierrot, Porzellankugeln, Sägespäne, Lederabfälle;
2. beim Trockenpolieren: Tuch- oder Lederabfälle, Polierrot, Ton, Kalk, Sägespäne usw.
3. Beim Naßscheuern: Wasser mit Sand, Schmirgel, Bimsstein, gestoßenes Glas, Flintstein usw. Gegebenenfalls können auch noch besondere Polierpräparate hinzugegeben werden. Will man beim Naßscheuern gleichzeitig entfetten, so wird zweckmäßig Polierseife oder ein Entfettungsmittel zugegeben.

Durch Zusatz von Schwefelsäure kann die Scheuerwirkung für verzunderte oder verrostete Eisen- oder Stahlteile auch mit einer Beizwirkung verbunden werden. Allerdings kommen in diesem Falle keine Eisen-, sondern Holztrommeln in Betracht. Scheuerglocken aus Eisen kommen besonders für das Trockenpolieren in Frage. Das Fortschreiten des Polierprozesses kann dauernd beobachtet und überwacht werden, da die Glocke offen ist.

Das Kugelpolierverfahren.

Das Kugelpolierverfahren hat sich besonders in den letzten Jahren ein ziemlich großes Anwendungsgebiet erobert. Es beruht auf der sogenannten Kugelpolitur, die für Einzelstücke unter Anwendung eines Polierstahles oder auch Blutsteines üblich ist. Zweckmäßig verwendet man bei diesem Verfahren eine große Kugelmenge sowie Trommeln mit großem Durchmesser; allerdings ist die Verwendung von Trommeln mit sehr großem Durchmesser begrenzt, weil z. B. kleine dünnwandige Werkstücke durch zu hohen Kugeldruck beschädigt würden. Die in Abb. 163 gezeigte Holzpoliertrommel mittleren Durchmessers eignet sich besonders für kleine Werkstücke wie Kapseln, Ösen, Ringe, Schnallen usw. Hingegen werden kompakte, starkwandige Werkstücke besser in Trommeln mit großem Durchmesser, wie z. B. in Abb. 89 gezeigt, behandelt.

Beim Kugelpolierverfahren muß das Poliermaterial härter als das zu polierende Material sein. Man darf daher nur völlig runde, riß- und gratfreie, gehärtete und hochglanzpolierte Genauigkeits-Stahlkugeln oder Stahlstifte aus Chromstahl verwenden. Gespritzte Stahlkugeln sind zur Erzielung eines einwandfreien

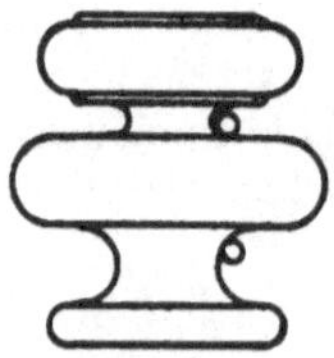

Abb. 164.

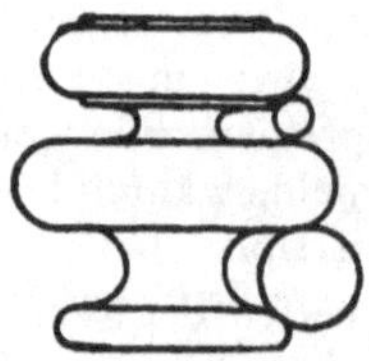

Abb. 164a.

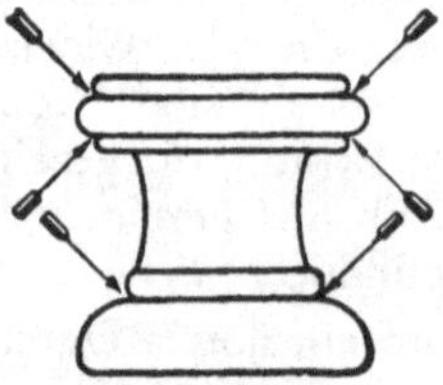

Abb. 164b.

Hochglanzes ungeeignet, da sie infolge ungenügender Härte und durch sich ablösende Metallflitter die Werkstücke verschmieren oder verfärben können.

Die Größe der Stahlkugeln und die Form und Größe der Stahlstifte müssen sich nach der Oberfläche des zu polierenden Werkstückes richten. Ist das Werkstück glatt und ohne Rillen oder Eindrehungen, so sollte der Kugeldurchmesser möglichst groß gewählt werden, damit durch das höhere Druckgewicht das Polieren schnell und wirtschaftlich vorgenommen werden kann. Hat man Werkstücke zu polieren, die mit Einschnitten, Einkerbungen oder feinen Rillen und Bohrungen versehen sind, so muß man solche Polierkugeln oder -stifte wählen, die in alle Vertiefungen oder Einschnitte eindringen bzw. durchlaufen; sie müssen aber so klein sein, daß sie sich nicht festklemmen (Abb. 164). Je nach der Beschaffenheit der zu polierenden Ware ist es auch zweckmäßig, den Polierkugeln auch Polierstifte beizufügen, da diese infolge ihrer Form und Beschaffenheit die tiefer liegenden Teile des Polierkörpers oder Einschnitte (Abb. 164a) besser glätten und polieren können. Zuweilen ist es auch erforderlich, mehrere Kugelgrößen zu verwenden oder durch ihre Form besonders geeignete Stahlstifte beizufügen, damit enge Einschnitte bestrichen und poliert werden (Abb. 164b, Pfeilangabe).

Von großer Wichtigkeit zur Erzielung guter Ergebnisse ist die Verwendung einer geeigneten Polierflüssigkeit, die nicht nur die gleitende Wirkung der

Polierkugeln auf den Werkstücken begünstigt, sondern zur gleichen Zeit reinigt und Oxyd und Anlauf von der zu polierenden Metalloberfläche entfernt.

Für den Erfolg oder Mißerfolg beim Kugelpolieren ist in der Tat die Polierflüssigkeit ausschlaggebend, und man darf sagen, daß auf die richtige Zusammenstellung der Poliersalze und die Verwendung geeigneter Poliertrommeln und Polierstahlkugeln oder -stifte die erzielten Fortschritte auf dem Gebiete des Kugelpolierverfahrens zurückzuführen sind.

Zur Anwendung kommen beim Kugelpolierverfahren waagerecht und senkrecht umlaufende Kugeltrommeln. Die Drücke des Poliermaterials auf das Poliergut sind bei den senkrecht umlaufenden Kugeltrommeln größer, infolgedessen eignen sie sich daher nur für Teile, die den hohen, auf ihnen lastenden Kugeldrücken gewachsen sind. Bei den waagerecht umlaufenden Kugeltrommeln verteilt sich das Kugelgewicht auf die ganze Trommellänge, und da hier der Trommeldurchmesser geringer ist, so kann es vorkommen, daß Werkstücke aus weichen Metallen bei zu schneller Umdrehung der Trommel gegen

Abb. 165. Kugel-Poliertrommel, Bauart K 3.

die Trommelwandung geschleudert und dadurch zerbeult, zerkratzt oder selbst zerdrückt werden. Zweckmäßig werden also zu polierende Massenartikel aus weichem Metall oder einer Metallegierung, hohlwandige Teile und dünnwandige Werkstücke, welche keinen hohen Kugeldruck aushalten, in waagerecht umlaufenden Kugelpoliertrommeln bearbeitet, während vollwandige Gegenstände aus widerstandsfähigen Metallen in senkrecht umlaufenden Poliertrommeln auf Hochglanz zu polieren sind.

Meistens werden zum Kugelpolieren Holztrommeln von verhältnismäßig kleinem Durchmesser, wie z. B. in Abb. 165 gezeigt, verwendet. Handelt es sich aber um schwere, massive Metallteile, so sind Trommeln mit großem Durchmesser (Abb. 167) besser geeignet, weil, wie aus den Abb. 166 und 167 ohne weiteres erkennbar ist, bei Trommeln nach Abb. 165 der auf die zu polierenden Gegenstände wirkende Druck und das Gewicht der Kugeln weit kleiner und geringer als bei Trommeln nach Abb. 167 ist. Während bei der Bauart der Abb. 167 infolge des Druckes und des Gewichtes der Kugeln ziemlich ausgeschlossen ist, daß sich bei der Drehung dieser Trommeln die Lage des Poliergutes erheblich ändert, die Kugeln also unter großem Druck ihre Polierarbeit durch Glätten und Rollen gleichmäßig ausüben konnen, wird es im Falle der Abb. 166, wo ein viel geringeres auf die ganze Trommellänge verteiltes Kugelgewicht wirken kann, manchmal nicht zu vermeiden sein, daß die Metallteile öfters aus dem Kugelbett emporgehoben oder herausgeschleudert werden, an die Wand der Trommel gelangen, zurückfallen und somit leicht zerkratzt und zerbeult werden können. Allerdings macht die Trommelausführung nach Abb. 167 wegen der größeren Massenbewegung eine schwerere Bauart und eine größere Kugelmenge gegenüber der Ausführung nach Abb. 166 notwendig. Dafür wird aber auch Ausschuß vermieden und eine schnelle und gute Hochglanzpolitur erreicht.

Die Poliertrommeln müssen vor Gebrauch mit warmem Wasser ausgespült und mit kaltem Wasser nachgespült werden.

Was nun die Polierlösung anbetrifft, so ist zu beachten, daß bei ihrer Herstellung nur reinste Polierpräparate, die den feinen, abgetrommelten Polierstaub gut vermilchen, verwendet werden müssen; sie dürfen keine freien Alkalien, versteifbare Fette oder sonstige fremde, verschnittene Bestandteile enthalten.

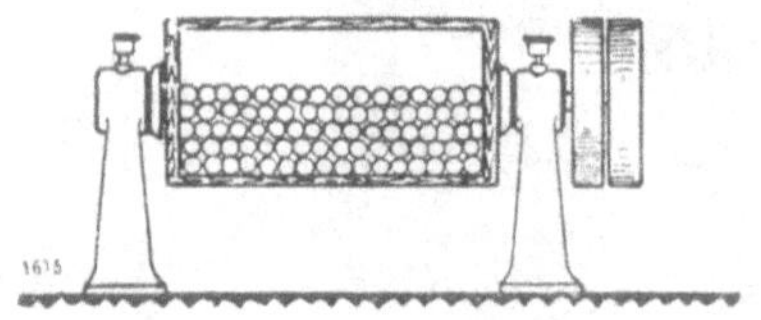

Abb. 166.

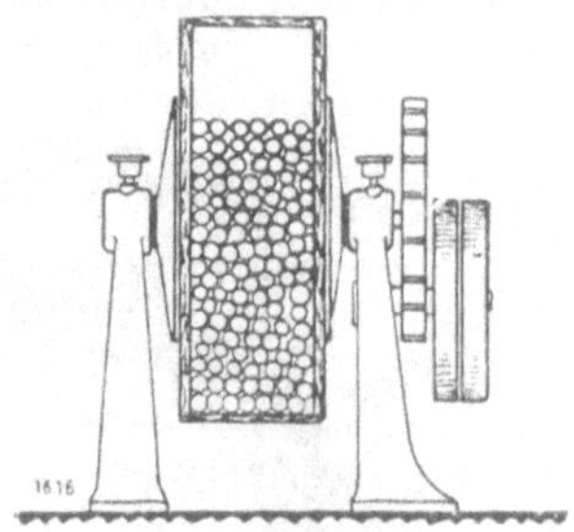

Abb. 167.

Grundsätzlich ist zu unterscheiden zwischen

Polieren von Eisen und Stahl mit Eisenpoliersalz,

Polieren von Messing, Kupfer, Gold, Silber, Tombak, Zinn, Nickel usw. mit Messingpolierpulver,

Polieren von Aluminium mit Aluminiumpolierpulver.

Zweckmäßig wird für jede dieser Arbeiten eine besondere Trommel verwendet.

Für eine erfolgreiche Anwendung des Kugelpolierverfahrens ist ferner eine dauernde Sauberkeit der Trommeln und des Kugelmaterials eine unerläßliche Bedingung. Trommeln, die mit Seifen oder ähnlichen Substanzen imprägniert sind, müssen vor Verwendung der Polierpräparate sorgfältig gereinigt werden. Auch ist hinsichtlich der Ergänzung und Erneuerung der Polierlösung die Gebrauchsvorschrift der Hersteller sorgfältig zu beachten.

Bei einer Reihe von Werkstücken, die keinen hohen Druck vertragen können, können außer Polierstahlkugeln auch Kugeln aus Glas, Porzellan, Ton oder Achat Verwendung finden; man darf aber sagen, daß Genauigkeitsstahlkugeln aus Chromstahl in fast allen Fällen vorzuziehen sind.

Wie schon gesagt, eignet sich zum Polieren in der Kugelpoliertrommel fast jeder Massenartikel, wenn er nicht zu schwer und zu groß, zu roh in der Bearbeitung, zu dünnwandig oder in der Oberflächenbeschaffenheit zu empfindlich ist. Die nachstehend aufgeführte Zusammenstellung der Langbein-Pfanhauser Werke A.-G. zeigt, daß es kaum eine Industrie gibt, die sich nicht unmittelbar oder mittelbar das große Anwendungsgebiet des Kugelpolierverfahrens zunutze machen könnte. Dabei macht diese Zusammenstellung noch nicht einmal Anspruch auf Vollständigkeit.

Industriezweig	Artikel:
1. Automobil- und allgemeine Maschinenbauindustrie.	Kleine Metallmassenartikel wie Bolzen, Federn, Haken, Kettenglieder, Muttern, Nieten, Schrauben, Splinte, Stifte, Unterlegscheiben usw.
2. Beleuchtungskörperindustrie.	Bolzen, Fassungen, Federn, Haken, Kettenglieder, Muttern, Stifte, Verbindungsstücke usw.
3. Bijouterieindustrie.	Ketten, Ocillets, Ringe, Scharniere, Stifte usw.
4. Burobedarfsartikel-Industrie.	Bleistifthulsen und Bleistiftspitzen, Briefwaagenbestandteile, Minenhalter, Büroklammern, Füllfederhalterteile, Hängeetiketten, Heftklammern, Kartothekreiter, Musterbeutelklammern, Reißbrettstifte usw.
5. Chirurgische Instrumenteindustrie.	Bolzen, Federn, Haken, Nadelköpfe für Subkutanspritzen usw.
6. Elektrotechnische Industrie.	Dosen- und Fassungskontaktteile, Mutterschrauben, Nieten, Schalterteile, Schaltriegel, Sicherungselemente, Stifte usw.
7. Fahrradbau und Motorradindustrie.	Kleine Metallmassenartikel wie unter Automobilindustrie, ferner Klappöler, Torpedoöler usw.
8. Federindustrie.	Federn, Federbolzen, Stifte usw.
9. Haushaltungsartikelindustrie.	Dosenöffner, Drahtartikel, Flaschenverschlusse, Metallkapseln usw.
10. Kartonagenindustrie.	Beschlag- und sonstige Teile wie Ecken, Griffe, Haken, Henkel, Klammern, Krampen, Metallverzierungen, Nieten, Ösen, Riegel, Rosetten, Schilder, Stifte, Unterlegscheiben usw.
11. Kinder- und Puppenwagenindustrie.	Teile wie unter 1.
12. Kleineisenwarenindustrie.	Anhängemarken, Beschläge jeder Art, Bolzen, Drahtartikel, Drahtnägel, Fassondrehteile, Federn, Gürtelschlösser, Haken, Hosenträgerschnallen, Keile, gedruckte, gestanzte und gezogene Massenblechteile, Muttern, Nieten, Ösen, Pfeifenbeschläge, Pinselringe, Polster- und Ziernägel, Rosetten, Schaufensterartikel, Schrauben, Strumpf- und Sokkenhalter-Zubehörteile, Unterlegscheiben, Vorhanggarniturteile usw.
13. Knopfindustrie.	Hosenknöpfe, Knopfmechaniken, Uniform-Metallknöpfe, Schnallen usw.
14. Kofferindustrie.	Teile wie unter 10.
15. Korbmöbelindustrie.	Teile wie unter 10.
16. Korsettindustrie.	Haken, Nieten, Ösen, Schließen, Strumpfhalter usw.
17. Möbelbeschläge- und Mobelscharnierindustrie.	Teile wie unter 10.

18. Musikinstrumenteindustrie.	Teile wie unter 10.
19. Nadelindustrie.	Angelhaken, Gabelnadeln, Haarnadeln, Sicherheitsnadeln, Sicherheitsnadelkappen usw.
20. Nähmaschinenindustrie.	Teile wie unter 1.
21. Photographische Apparateindustrie.	Teile wie unter 1.
22. Pianoforteindustrie.	Mechanikteile.
23. Rechen- und Schreibmaschinenindustrie.	Teile wie unter 1, ferner Tastknöpfe für Schreibmaschinen usw.
24. Schaufenster-Ausstattungsindustrie.	Aufstellfüßchen, Haken, Stifte usw.
25. Schirmfurniturenindustrie.	Furnituren für Schirme usw.
26. Schloßindustrie.	Schloßmechanikteile, Schlüssel, Schlüsselringe usw.
27. Schuhindustrie.	Agraffen, Haken, Nieten, Ösen, Plattfußeinlagen, Schuhanzieher, Schuhknöpfer usw.
28. Spielwarenindustrie.	Massenartikel wie Bolzen, ausgestanzte Metallteile, Rädchen, Stifte usw.
29. Sprechmaschinenindustrie.	Teile wie unter 1.
30. Taschen- und Portemonnaieindustrie.	Teile wie unter 10.
31. Telephon-, Telegraphen- und Radiozubehörteile-Industrie.	Teile wie unter 1.
32. Uhrenindustrie.	Bolzen, Räder, Ringe, Stahlachsen, Wellen und sonstige Uhrenbestandteile.
33. Werkzeugmaschinenbauindustrie.	Teile wie unter 1.

Das Polieren mit den Polier-Blutsteinen und Polier-Stählen.

Das Polieren mit dem Blutstein oder Polierstahl wird auch Brünieren genannt. Es findet hauptsächlich Anwendung bei Silberwaren. Die Blutsteine werden am Kopfe langer Holzstäbe in Fassungen eingelassen. Wie aus der Abb. 33 ersichtlich, besitzen die Polierblutsteine je nach Bedarf die verschiedensten Formen.

Die Polierstähle bestehen aus verschiedenartig geformten, gehärteten und blankpolierten Stahlstäben. In Abb. 34 werden verschiedene Formen der Polierstähle gezeigt.

Das Polieren mittels Blutstein oder Polierstahl erfolgt durch Druck; es kann sowohl trocken als auch naß poliert werden. Die Blutsteinpolitur wird auch maschinell vorgenommen, und zwar auf der Drehbankpoliermaschine. Diese Politur wird meist trocken erreicht; bei dem Polieren von Hand wird der zu polierende Gegenstand mit Seifenwasser bestrichen. Beim Polieren liegt das Heft auf dem Oberarm auf, das untere Ende, das den Blutstein trägt, wird mit der Hand hin und her bewegt. Man poliert in der Regel mit einem Grundierstein vor und mit einem anderen Stein nach. Die Blutsteine sind von Zeit zu Zeit auf einem harten Leder zu polieren; als Poliermittel dient Polierrot.

Die Werkstücke müssen während des Polierens feucht gehalten werden, wozu man Flüssigkeiten wie Alaunwasser, Bierneigen, Abkochung von Panamarinde, Süßholz usw. benutzt; viel verwendet wird auch eine Ätzkali-Schmierseifen-Abkochung.

Es gehört jahrelange Übung dazu, um auf feinen Silberwaren eine wirklich gute Politur herzustellen. Beim Handpolieren muß der Stein oder Stahl in kurzen, gleichlaufenden Bewegungen hin und her bewegt werden. Ein Strich muß so stark wie der andere sein; alle müssen aber dicht nebeneinander liegen und ineinander aufgehen, wobei zu beachten ist, daß der Strich sich der Form des zu polierenden Gegenstandes anpassen muß. Um eine gute Politur zu erlangen, darf man nicht etwa willkürlich kreuz- und querfahren.

Die mit dem Blutstein oder Polierstahl zu polierenden Gegenstände müssen sauber entfettet und frei von Staub und Oxyd sein. Man reibt den Gegenstand mit feinem Schleifpapier ab, um die Oxydhaut zu entfernen. Hierauf wischt man mit einem weichen Leder ab und streicht, wie schon erwähnt, Seifenwasser, das gut filtriert sein muß, mit einem Bausch aus Lappen auf den Gegenstand auf. Das Benetzen mit Seifenwasser muß häufiger geschehen. Der Polierprozeß teilt sich in Grundieren oder Vorpolieren und Fertigpolieren. Zu dem letzten Arbeitsgang verwendet man einen Blutstein, der etwas breiter ist als der Stein zum Vorpolieren. Der fertigpolierte Gegenstand wird mit Wasser abgespült und hierauf in harzfreiem Sägemehl getrocknet.

Wenn man auf der Drehbank poliert, so werden die gleichen Blutsteine oder Polierstähle verwendet wie beim Polieren von Hand. Die Vorbearbeitung ist die gleiche, d. h. man entfernt zuerst mit feinem Schleifpapier oder -leinen die Oxydhaut. In der Regel wird man auch Seifenwasser als Schmiermittel verwenden, obwohl es auch Drehpolierer gibt, die ganz trocken arbeiten.

Es kann nicht nur rund, sondern auch oval poliert werden, wenn man sich der Hilfe eines Ovalwerkes bedient. Für das Gelingen einer guten Politur ist vor allem auch die Drehzahl mitentscheidend. Wenn große runde oder ovale Gegenstände zu polieren sind, so beginnt man zweckmäßig im Zentrum mit hoher Umlaufszahl und verringert sie gegen den Rand zu. Eine Drehzahl von 600—1000 in der Minute ist je nach der Größe der Gegenstände zu wählen.

Außer der schon genannten Drehbank oder Ovalbank werden auch Segmentpoliermaschinen verwendet. Für Gegenstände, die nicht ganz rund poliert werden können, weil sie Griffe, Ausgüsse oder sonstige seitliche Ausbuchtungen haben, ist die Segmentpoliermaschine sehr geeignet. Sie ist eine Drehbank, auf der die Spindel keine ganzen Umdrehungen, sondern nur segmentförmige Bewegungen macht. Die Spindelbewegung wird von einem Schlitten aus geleitet, an dem eine starke Darmsaite befestigt ist. Die letztere ist auch um eine Schnecke der Spindel gewickelt. Von einer an einer Exzenterscheibe verstellbar befestigten Pleuelstange wird der Schlitten bewegt. Die Spindel macht bei der längsten Schlittenbewegung eine Umdrehung von höchstens 350 Grad; man kann aber diese Drehung auch nur auf wenige Grade einstellen.

Ein einfaches und wirtschaftliches Polierverfahren ist das Schwabbeln auf der Poliermaschine bei einer Umlaufszahl von etwa 3000 in der Minute. Mit Scheiben aus gröberem Nesseltuch, das ungebleicht ist, oder mit starken Tuchscheiben wird das Vorpolieren vorgenommen, und zwar verwendet man Scheiben mit einem Durchmesser von etwa 100—300 mm und 15—50 mm Breite und eine gut angreifende Pasta. Nach Beendigung des Polierens wird das Werkstück in heißem Seifenwasser abgewaschen und in Sägemehl, das angewärmt ist, getrocknet.

Das Fertigpolieren, auch Nachglänzen genannt, wird mit Schwabbelscheiben aus gebleichtem Nesseltuch oder feiner Leinwand und mit feiner Polierpasta vorgenommen. Man kann auch an Stelle der Polierpasta Wiener Kalk auf die Schwabbelscheibe bringen, um einen satten Fertigglanz zu erzielen. Zu diesem Fertigpolieren kann man an Stelle von Scheiben aus Nesseltuch auch solche aus Wildleder verwenden. Es werden sogar Schwabbelscheiben aus Rohseidenstoff verwendet, und zwar dann, wenn es sich um sehr feine Gegenstände aus Silber und Gold handelt.

Über Schwabbelscheiben und das Schwabbeln finden sich nähere Angaben auf den Seiten 56—62.

Die Verwendung der Stahlwolle als Poliermittel.

Mit der Stahlwolle kann man infolge der ziehklingenartigen Wirkung der Faser im Gegensatz zu den sehr feinen Schleifpapieren oder Schleifleinen, die infolge ihres körnigen Belages einen mattglänzenden Schliff erzeugen, politurähnliche, glänzende Oberflächen hervorbringen.

Die Stahlwolle kommt in Packungen von 250 oder 500 g in Strängen, die zu Ballen zusammengewickelt sind, in den Handel.

In der Metallbearbeitung findet die Stahlwolle ausgedehnte Verwendung zum Bearbeiten von Metallwaren wie Kochtöpfen, Armaturen, Emaillewaren,

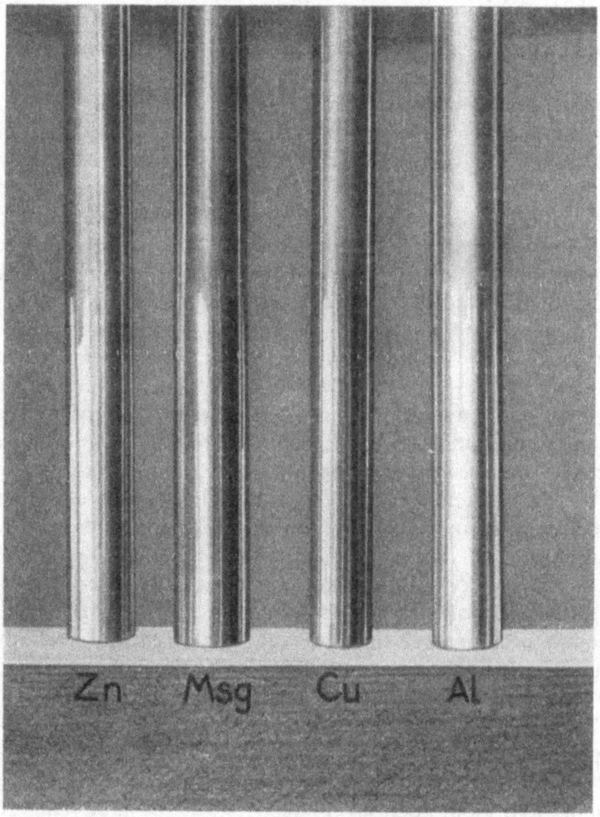

Abb. 168. Mit Stahlwolle bearbeitete Metallstäbe aus Zink, Messing, Kupfer, Aluminium.

Kupferschildern, Maschinenteilen usw. Sie eignet sich besonders gut zur Verschönerung der Oberflächen von Metallen (s. Abb. 168) und hat gegenüber dem mehr oder weniger steifen Schleifpapier und Schleifleinen den großen Vorzug,

Abb. 169.

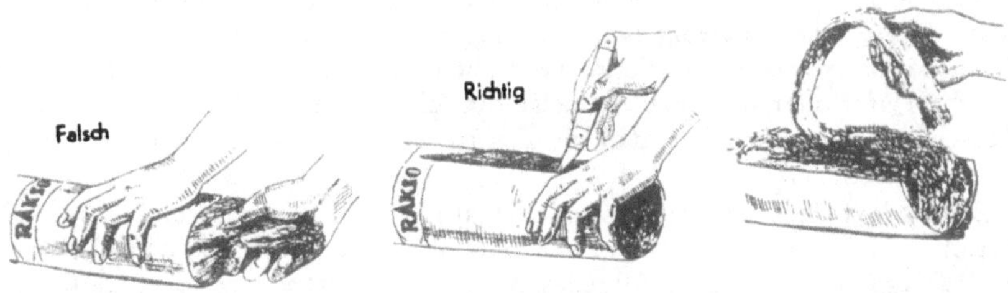

Stahlwolle nicht herausreißen, weil dadurch die Fäden ungleich zerrissen werden und dadurch die richtige Schleif- und Polierwirkung verlieren.

Paket aufschneiden.

Stränge vorsichtig auseinander nehmen und aufwickeln.

Abb. 170.

Etwa 70—80 cm abschneiden.

Dann einen Ballen über die Hand oder um einen Schleifklotz wickeln.

Stahlwolle muß gleichmäßig in **einer** Richtung liegen. Schleiffläche muß mindestens 10—15 mm dick mit Stahlwolle bedeckt sein.

Abb. 171.

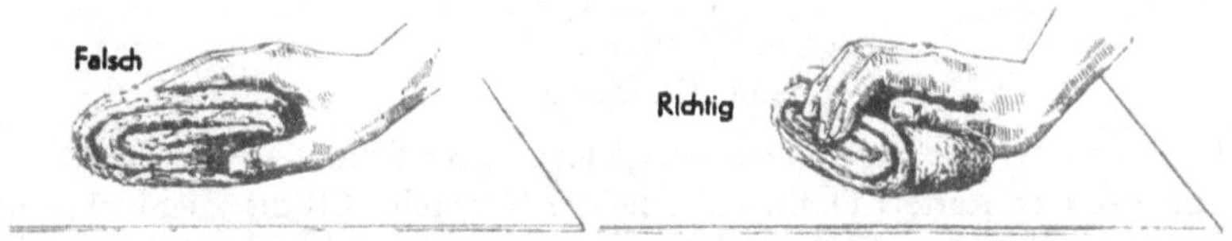

Der Schliff erfolgt immer in der Gefügerichtung in möglichst langen Bewegungen.

daß sie sich bei der Bearbeitung profilierter Teile und Gegenstände besser anschmiegt. Mit Stahlwolle können sowohl runde wie auch flache Werkstücke bearbeitet werden. Beim Bearbeiten umlaufender Teile muß die Wolle langsam hin- und herbewegt werden, da bei zu schneller Bewegung spiralig verlaufende Riefen entstehen können, die schwer zu entfernen sind.

Für die Verwendung der Stahlwolle ist folgendes zu beachten: Das Paket wird in der Längsrichtung aufgeschnitten (Abb. 169) und dann der Anfang des Wollestranges gesucht und sorgfältig freigelegt. Darauf schneidet man mit einer Schere einen beliebig langen Strang von dem Ballen ab (Abb. 170) und formt davon, ohne die Wolle zu verdrehen oder zu kräuseln, durch Wickeln um die Hand oder um einen Schleifklotz, einen Bausch. Es wird mit diesem Bausch dann so gearbeitet, daß die Fasern stets quer zur Bewegungsrichtung liegen (Abb. 171).

Beim Herausnehmen der Stahlwolle aus dem Paket vermeide man jedes Zerren und Reißen (Abb. 169), weil dadurch die parallele Lage der einzelnen Wollefasern gestört und infolgedessen das zu glättende bzw. zu polierende Werkstück nicht glatte, saubere Bearbeitungsflächen, sondern leicht Riefen und Kratzer erhält. Ein richtig gelegter und richtig geführter Stahlwollebausch kann sehr weit ausgenützt werden, und wenn er während der Arbeit auf einer Seite stumpf geworden ist, so kann man ihn ausklopfen und so lange umwickeln, bis er ganz unbrauchbar geworden ist. Den verbleibenden Stahlwollerest kann man immer wieder als Verstärkungseinlage für einen neuen Bausch benutzen und hierdurch an Stahlwolle sparen. Am zweckmäßigsten benutzt man beim Bearbeiten von ebenen Flächen einen etwas kegelig gehaltenen Schleifklotz, um den die Stahlwolle genau wie um die Hand gewickelt wird und an dessen Kante sich die Wolle mit den Fingern gut halten läßt. Es ist jedoch zu beachten, daß die Schleiffläche mindestens etwa 10—15 mm dick mit Stahlwolle bedeckt ist (Abb. 171).

Das Polieren von Diamant- und Hartmetall-Ziehsteinen.

Diamant- und Hartmetall-Ziehsteine können nur dann restlos ausgenutzt werden, wenn nicht nur dem Nachpolieren, sondern auch der Erhaltung der Ziehform die nötige Aufmerksamkeit geschenkt wird. Dadurch steigen die Leistungen der Steine bei gleichzeitiger Verminderung der Ziehkosten.

Jahrzehntelange Erfahrungen der Fachkreise haben ergeben, daß das Nachpolieren jeder Art Ziehsteine am zweckmäßigsten mittels Nadelpoliermaschinen erfolgt, weil mit diesen

richtige Ziehkegelform,
glatte Politur und
genaue Rundung

am besten erzielt werden können bei gleichzeitiger Schonung der Steine.

Beim Polieren mittels Draht entsteht der Nachteil, daß die Ziehlöcher nach mehrmaligem Aufpolieren die richtige Form verlieren; der Kegel wird zu kurz und der Ziehkanal zu lang. Die unausbleibliche Folge ist, daß sich der Verformungsdruck des durch solche falsch polierten Steine laufenden Drahtes auf eine zu schmale Zone verteilt, was zu vorzeitigen Brüchen der Steine führt.

Eine zweckmäßige Bauart von Nadelpoliermaschinen für Diamantziehsteine mit Bohrungen etwa ab 0,20 mm stellen die in Abb. 172 und 173 dargestellten Ausführungen NP 5 und NP 10 der Firma Joh. Urbanek & Co., Frankfurt am

Main, dar. Der Grundsatz ist bei beiden Ausführungen der gleiche, nur hat die eine Ausführung 5, die andere 10 Arbeitsstellen. Die nachzupolierenden Steine werden auf die herausnehmbare Platte des Steinhalters aufgekittet, wodurch jedes Stück beliebig oft zur Prüfung herausgenommen und eingesetzt werden kann, ohne daß es des jedesmaligen Zentrierens bedarf. Die entsprechend an-

Abb. 172. Diamantziehstein-Poliermaschine mittels Nadel, Bauart NP 5, fünfspindlig.

Abb. 173. Diamantziehstein-Poliermaschine mittels Nadel, Bauart NP 10, zehnspindlig.

Abb. 174. Diamantziehstein-Poliermaschine, Bauart NPK mit 15 Spindeln und Schleifapparat auf Tisch befestigt.

Abb. 175. Diamantziehstein-Poliermaschine mittels Draht, Bauart D 1.

geschliffene Poliernadel wird in einen Halter gesetzt, der sich in einer abgefederten Führungsbuchse befindet und seine notwendigen Bewegungen durch einen Exzenter erhält. Zwecks genauer Einstellung des gewünschten Ziehwinkels ist der Fuß des Trägers der Steinspindel mit einer Skala versehen.

Für Bohrungen etwa ab 0,20 bis an 0,02 mm herunter verdienen die ebenfalls von der gleichen Firma hergestellten Bauarten NPK 10 und NPK 15 (s. Abb. 174) mit hängenden Leichtmetall-Nadelhaltern den Vorzug. Die Reparatursteine werden auf mit Wachs versehene schnell umlaufende Steinteller aufgesetzt und zentriert, worauf die Einführung der mit Polierstaub (in Öl gebunden) ver-

Abb. 176. Hartmetallziehstein-Poliermaschine H II.

sehenen, entsprechend angeschliffenen Nadel erfolgt. Durch ein regelbares Ausschwenken der entsprechend der Zahl der Arbeitsstellen die Nadelhalter tragenden Schiene werden die Ziehlochwandungen in ihrer ganzen Ausdehnung poliert.

Die in Abb. 175 dargestellte kleine Drahtpoliermaschine ist nur dann am Platze, wenn es sich um das Nachpolieren feinster Bohrungen für das Ziehen von Sonderdrähten aus Wolfram, Molybdän und Chromnickel handelt.

Ferner ist von der gleichen Firma eine technisch hervorragende Bauart von Nadelpoliermaschinen für Hartmetallziehsteine auf den Markt gekommen, und zwar in drei Größen:

Bauart H I mit Spannfutter für Fassungen von 28 mm Durchmesser, Polierbereich bis etwa 2,50 mm Durchmesser;

Bauart H II mit Spannfutter für Fassungen von 28, 43, 45 und 53 mm Durchmesser, Polierbereich bis etwa 10 mm Durchmesser;

Bauart H III mit Dreibackenfutter für Fassungen bis etwa 115 mm Durchmesser, Polierbereich bis etwa 40 mm Durchmesser.

Die Abb. 176 zeigt die Bauart H II.

Die schwenkbare Nadelführung ermöglicht genaue Einstellung eines jeden gewünschten Ziehwinkels, der dann selbsttätig einpoliert wird, wodurch eine gleichmäßige Bohrform bei großen und kleinen Durchmessern erzielt wird.

Die Praxis hat gezeigt, daß nach mehrmaligem Polieren der Ziehlöcher von Hartmetallziehsteinen mittels der bekannten zylindrischen Nadeln ein Nachstellen

Abb. 177. Nadelschleifapparat KNS zur Herstellung von genau keglig, in jedem gewünschten Winkel geschliffenen Schleif- und Poliernadeln.

des Ziehkegels von großer Wichtigkeit ist, weshalb der Konusnadel-Schleifapparat, Bauart KNS (Abb. 177), entwickelt wurde. Mit Hilfe dieses Apparates kann sich jeder Betrieb sofort selbst die zum Nachstellen der Ziehkegel erforderlichen Konusnadeln in Genauigkeitsausführung herstellen. Diese Konusnadeln sind verwendbar auf den vorerwähnten Maschinenbauarten H II und H III.

Die Arbeitsverfahren des Bürstens.

Auf den Seiten 39—42 sind die in der Metallbearbeitung verwendeten Bürsten näher beschrieben. Hier sei nun das Arbeitsverfahren des Bürstens näher behandelt.

Es wird gebürstet, um den Strich der Polierscheibe unsichtbar zu machen, aber nur so stark, damit eben die Striche der Polierscheibe verschwinden. Zweckmäßig läßt man die Fiberbürste mit etwa 2500 Umdrehungen umlaufen, damit sie möglichst hart wirkt. Eine langsam umlaufende Bürste wirkt weich, das heißt beim Bürsten legen sich die Borsten um und verlieren ihre Wirkung. Auch fällt das zum Bürsten verwendete Poliermittel unbenutzt zu Boden.

Man bestreicht beim Bürsten eine kleine Stelle des Werkstückes mit dem mit Öl angerührten Staubschmirgel und hält das Werkstück an die Bürste. Die Striche, welche die zuletzt angewendete Scheibe hinterlassen hat, müssen in einem Augenblick verschwunden sein, und es muß sich sofort das stark glänzende Material zeigen. Wenn dies nicht der Fall ist, war die zuletzt angewendete Scheibe noch zu grob. Man muß in diesem Fall eine andere Scheibenreihenfolge wählen, bis sich der Erfolg einstellt.

Möglichst vermeide man ein scharfes Bürsten, weil sonst nur das Metallgefüge sichtbar wird; dies ergibt nicht nur ein unschönes Aussehen, sondern ist auch von Nachteil beim Galvanisieren.

Gehärteter rostfreier Rasierklingenstahl wird zum Beispiel mittels Fiberbürsten und Zusatz von Schmirgel 4/0 bei entsprechender Umlaufszahl und Materialhöhe der Bürste blankpoliert, so daß er nur noch an den Seiten geschliffen zu werden braucht. Verwendung findet hierzu zweckmäßig die in Abb. 178 gezeigte Spiraleausführung, da diese Bürste äußerst voll ist. Sie gewährleistet ein Überschneiden des Bürststriches selbst dann, wenn das Werkstück nicht seitlich bewegt wird.

Man stellt heute auch handeingezogene Bürsten mit sehr dichter Büschelanordnung her, bei denen die Büschelreihen so gesetzt sind, daß die Draht- oder Fiberbüschel usw. bei der Arbeit des Bürstens so ineinander wirken, daß sich die einzelnen Bürstenreihen überdecken und ein übergangsloser Bürstenstrich erzielt wird. Die handeingezogenen Bürsten haben gegenüber den Bürsten, bei welchen die Drähte haarnadelförmig um Ringe oder Spiralringe angeordnet sind, den Vorteil, daß die Drahtbüschel steifer stehen, während sie bei vorgenannter Anordnung bei stärkerem Druck zum Umbiegen neigen und nachher statt radial schräg stehen.

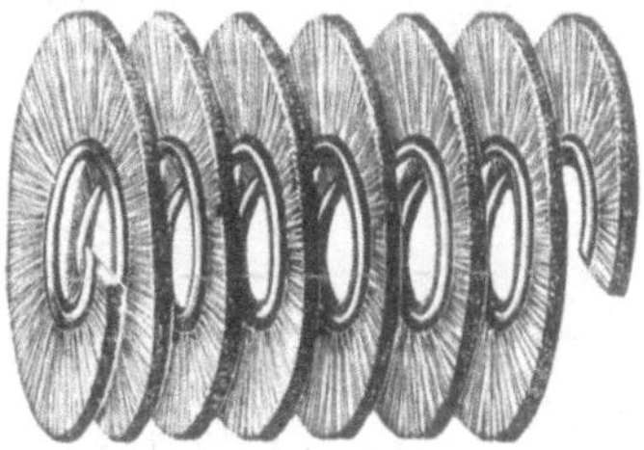

Abb. 178. Bürste in Spiralenform.

Bei der Benutzung von Drahtbürsten ist zu beachten, daß auch eine zu hoch gewählte Umlaufszahl der Bürste die Drähte sehr leicht zum Abbrechen bringen kann. Es ist aber auch weiterhin zu bedenken, daß eine zu niedrig gewählte Umlaufszahl der Bürste ebenfalls schädlich sein kann, denn durch die mangelhafte Zentrifugalkraft werden die Drähte nicht genügend aufgerichtet und werden schon beim Aufschlagen der Drahtspitzen zu stark geknickt. Ist der gewünschte Bürsteneffekt mit einer normalen Drahtstärke und normaler Umdrehungszahl nicht zu erreichen, so ist dies ein Zeichen dafür, daß die Drahtstärke zu schwach gewählt worden ist oder die Drahtqualität zu weich. Andererseits ist aber mit großer Vorsicht eine Bürste mit stärkeren und härteren Drähten zu verwenden, da naturgemäß der harte Draht leicht zum Abbrechen neigt und der stärkere nicht dieselbe Elastizität besitzt wie schwächerer Stahldraht, der sonst vielleicht aus genau demselben Stahl und derselben Festigkeit hergestellt ist. Im entsprechenden Maße gilt dies auch für Drahtbürsten aus Messing-, Bronze- und Neusilberdraht und dergleichen mehr.

Zum Erzeugen einer matten Metalloberfläche werden Rundbürsten, hergestellt aus Drähten mit einer ganz bestimmten Härte, verwendet, die außerdem noch in einer ganz bestimmten Dichte angeordnet sind. In Abb. 179 wird eine Mattierrundbürste dargestellt.

Man muß besonders darauf achten, daß bei Drahtbürsten nur die Drahtspitzen aufschlagen, da die Mattierung durch Mitarbeiten der Drahtseitenflächen wieder verwischt wird.

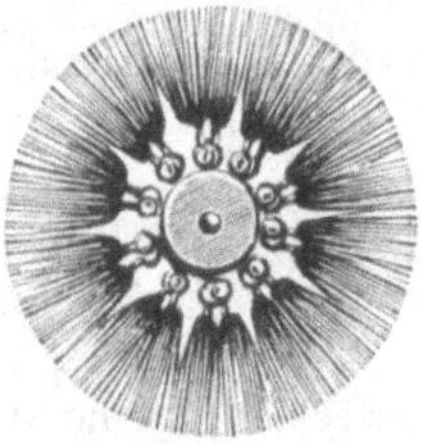

Abb. 179. Mattierrundbürste mit Holzkern und beweglichen Bündeln, besetzt mit gewelltem, ungehärtetem Bessemer-Stahldraht oder Sonderstahldraht.

Beim Mattieren ist besonders zu beachten, daß keine Strich- bzw. Schattenbildung erfolgt, was entweder durch eine mangelhafte Maschinenanlage, die Eigenschwingungen aufweist, auftreten kann oder aber auch durch eine Bürste, die nicht genügend dicht ist, d. h. also nicht gleichmäßig besetzt ist.

Was nun den Bürstvorgang anbetrifft, so muß je nach der Arbeit ein mehr oder minder starker Druck mit dem zu bürstenden Gegenstand auf die Bürste ausgeübt werden (Abb. 180).

Wenn aber mit der Bürste, wie in Abb. 181 gezeigt, eine „wischende“ Tätigkeit des Drahtes ausgeübt wird, so muß vor allem eine feine Drahtstärke und große nutzbare Materialhöhe angewandt werden. Eine Ermüdung des Drahtes bei dieser Bearbeitung ist aber trotzdem unausbleiblich.

Was nun das Polieren bzw. metallische Blankmachen von rostfreien Blechen — hochwertigen Karosserieblechen usw. —, die heute mittels zeitgemäßer

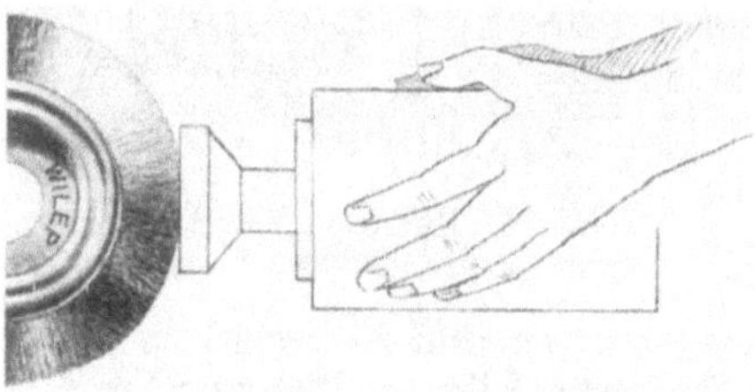

Abb. 180. Nur die Drahtenden bürsten (lange Lebensdauer).

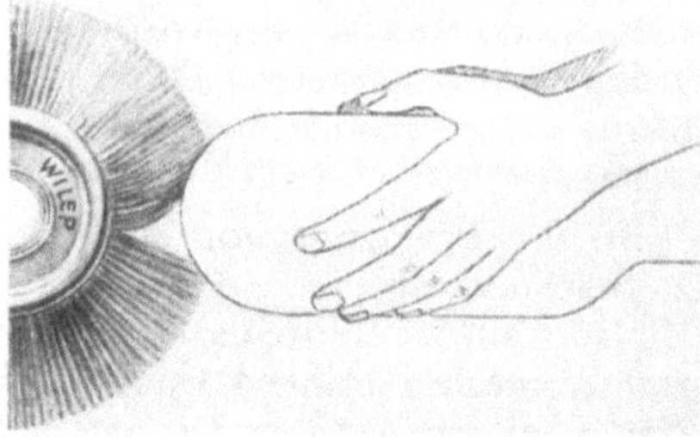

Abb. 181. Die Seitenflächen der Drähte greifen an (kurze Lebensdauer).

Bürstmaschinen bearbeitet werden, anbetrifft, so findet hier eine äußerst volle Drahtbürstenwalze mit einem hochwertigen Gußstahldraht nach dem Beizen dieser Bleche unter teilweiser Abkürzung dieses Beizprozesses Anwendung. Natürlich werden hierbei an die Bürsten hohe Anforderungen bezüglich der Besatzdichte gestellt.

Das Glätten von Metalloberflächen vermittels Graphitierungsscheiben oder Graphitierungsformstücken.

Unter Patent Nr. 619 968 ist eine Erfindung geschützt, die sich auf ein Verfahren zum Glätten von Metalloberflächen, welche schon mit einer gewissen Glätte versehen sind, bezieht.

Aus Graphit und einem Bindemittel bestehende Graphitierungsscheiben oder Graphitierungsformstücke wirken auf die zu bearbeitenden Flächen mit verhältnismäßig starkem Druck ein und glätten und graphitieren sie. Durch den ziemlich starken Druck wird der Graphit in eine verhältnismäßig große Tiefe der vorbearbeiteten Metalloberfläche hineingebracht bzw. hineingedrückt. Die so bearbeitete Metalloberfläche weist eine bessere und haltbarere Glätte auf als die Metalloberflächen, welche mittels anderer bekannter Verfahren bearbeitet wurden.

Es ergibt sich hieraus eine größere Haltbarkeit der Metalloberflächen, wenn sie als Arbeitsflächen, wie zum Beispiel in Pressen oder dergleichen, in Anwendung kommen. Wenn dies neue Verfahren zum Beispiel bei Preßformen zur Herstellung von Briketts angewendet wird, so ergibt sich sowohl eine größere Lebensdauer der Preßformen als auch eine bisher nie erreichte weiche Glätte der Preßflächen. Die Briketts, welche mit derartigen Preßformen hergestellt sind, haben eine härtere Oberfläche, wodurch sie wetterbeständiger sind und ihr Abrieb beträchtlich vermindert wird. Als ein weiterer Vorteil zeigt sich bei diesen Brikettformen, daß das bisher notwendige, mehr oder weniger lange sogenannte Einfahren in Fortfall kommen kann.

Praktische Winke für den Polierer.

Man lagere oder verwende Poliermittel nicht, wo Öl oder ölhaltige Stoffe darauf tröpfeln können.

Man versäume nicht, Fett von der aufgesetzten Scheibe, bevor sie neu belegt wird, zu entfernen.

Man versuche nicht, eine Scheibe neu zu beleimen, wenn die Unterlage infolge ungleicher Abnutzung ungeeignet ist.

Man versuche nicht, das Poliermittel kalt aufzubringen.

Man verwende die neu hergestellte Scheibe erst dann, wenn der Leim und das Poliermittel völlig trocken sind.

Man verwende nicht zu heißen oder zu kalten Leim; in jedem Falle ist es unzweckmäßig, wenn nicht gänzlich zwecklos.

Man achte auf die richtige Temperatur, Luftzirkulation und Feuchtigkeit des Trockenraumes. Sorgfältig hergestellte und mit bestem Polierstoff versehene Scheiben können in einem ungeeigneten Raum entweder völlig verderben oder doch bedeutend verschlechtert werden.

Man werfe nicht aus Unachtsamkeit eine grobe Körnung in die Tröge für das feine Korn. Man halte die Tröge getrennt und bedecke sie.

Man verwende nicht die gleiche Leimbürste für grobe und feine Körnungen.

Man lasse nicht alten Leim im Topf nachtsüber unter Dampf stehen. Hierdurch wird Dampf verschwendet und der Leim verdorben.

Die Polierzeiten.

Für die Polierdauer ist maßgebend die Beschaffenheit der zu polierenden Ware vor dem Polieren und die gewünschte Politur selbst. Beim Trommelpolieren ist es notwendig, Eisengegenstände etwa 1½—3 Stunden, Kupfer und Messing 1/2—1 Stunde, Nickel und Neusilber 1—2 Stunden, Gold und vergoldete Waren 1/4—1/2 Stunde zu trommeln.

Etwa das Doppelte der angegebenen Polierzeiten benötigen gegossene Waren. Goldene, vergoldete, versilberte und verzinnte Waren lassen sich gut trommelpolieren. Hingegen ist dies nicht der Fall bei galvanisch vermessingten oder verkupferten Waren. Man kann sie nicht mit Kugeln polieren, weil die Überzüge infolge des Hämmerns der Kugeln abgesprengt werden.

Bei der Kugelherstellung werden die feinen Schleifschrammen durch 20—36-stündiges Polieren in umlaufenden Scheuertrommeln unter Zusatz von Öl und Schmirgel entfernt.

Prägepolieren mit dem Prägepolierapparat.

Der in Abb. 182 dargestellte Prägepolierapparat ist bestimmt für das Prägepolieren zylindrischer Mantelflächen, in erster Linie für das Prägepolieren der verschiedenen Lagerstellen an Wagen- und Lokomotivradsätzen.

Der Apparat besteht in der Hauptsache aus einem Gleitschlitten, der auf einem Untersatz verschoben werden kann, aus zwei Tragkörpern und drei gehärteten Stahlrollen. Im vorderen Tragkörper ist eine dieser Rollen fest gelagert, während die beiden anderen im hinteren Tragkörper um einen Punkt

Abb. 182. Krupp-Prägepolierapparat (DRP.).

schwingbar angeordnet sind. Der Achsschenkel dreht sich beim Prägepolieren zwischen den drei Rollen des Apparates, die durch eine Stellvorrichtung mit einem Druck von 3000 bis 4000 kg gegen die Achse gedrückt werden. Die

Tragkörper sind auf dem Gleitschlitten in waagerechter Richtung frei verschiebbar gelagert. Hierdurch, wie auch durch die bewegliche Anordnung der beiden Rollen im hinteren Tragkörper, wird ein genaues Anpassen aller

Abb. 183. Überdrehter Achsschenkel, fertig zum Prägepolieren.

Rollen an den Achsschenkel und eine völlige Entlastung der Körnerspitzen der Drehbank erreicht.

Es entsteht außer einer vollkommenen Glätte eine Hochglanzpolitur, weil der Anpreßdruck der Rollen selbst gleichmäßig und durchaus wirksam aus-

Abb. 184. Prägepolierter Achsschenkel; vorher nur gedreht!

geübt wird. Dieses Prägepolieren erzeugt außerdem eine Oberflächenverdichtung des Werkstoffes, also eine durchaus willkommene leichte Oberflächenhärtung.

Der überdrehte Achsschenkel (Abb. 183) wird ohne Vornahme weiterer Zwischenarbeiten bei etwa 120 bis 150 Umdrehungen des Wagenradsatzes prägepoliert. Es wird hierbei eine Hochglanzpolitur erreicht, die so stark ist, daß das Lesen einer kleineren Schrift im Spiegelbild ermöglichst wird, wie aus Abb. 184 ersichtlich.

Abb. 185. Nicht prägepolierte Stahlscheibe mit ausgelaufenem Lagerstück.

Beim Krupp-Prägepolierapparat wird das Prägepolieren der Notlaufstellen mit dem an der Seite der Tragkörper angebrachten, leicht abnehmbaren schmalen Rollensatz, der in Abb. 182 sichtbar ist, ausgeführt.

Ergänzend können mit je einer besonderen Druckrolle auch die Seitenflächen am Achsbund und an der Nabe, sowohl an Wagen- wie auch an Lokomotiv-Radsätzen, prägepoliert werden.

Als Neuerung kommen noch kombinierte Achsschenkel-Dreh- und Prägepolierapparate in Frage, mit welchen die Achsschenkel an Wagen- und Lokomotiv-Radsätzen gedreht und prägepoliert werden können, ohne daß ein Umspannen des Radsatzes erforderlich ist, wodurch Zeit gespart wird.

Abb. 186. Prägepolierte Stahlscheibe mit Lagerstück nach 14 Millionen Umdrehungen.

Interessant sind auch die in der Versuchsanstalt der Fried. Krupp A.-G., Essen, vorgenommenen Laufversuche mit prägepolierten und nicht prägepolierten Achsenabschnitten. Stahlscheiben von 80 mm Durchmesser liefen in Öl auf Lagerschalen aus einem normalen Straßenbahn-Lagermetall, und zwar:

1. unter einem Flächendruck von 35 kg/qcm bei 170 Umdrehungen in der Minute;
2. bei 50 kg/qcm und 215 Umdrehungen in der Minute.

Die in Abb. 185 gezeigte, nicht prägepolierte Stahlscheibe lief bei 7 Millionen

Abb. 187. Prägepolieren der Lagerstellen an Lokomotiv-Radsätzen mit Krupp-Prägepolierapparat.

Umdrehungen bei Belastung 1 gut, jedoch bei weiteren 4 Millionen Umdrehungen bei Belastung 2 heiß, so daß sich das Lagermetall abbog und ausbrach.

Die in Abb. 186 gezeigte prägepolierte Stahlscheibe zeigte dagegen nach 14 Millionen Umdrehungen, und zwar

7 Millionen bei Belastung 1 und
7 Millionen bei Belastung 2

keinerlei Veränderungen. Sie war, wie das zugehörige Lagerstück, nur handwarm.

Radsätze mit prägepoliertem Achsschenkel können sofort unter vollbeladenem Wagen laufen, ohne daß eine Gefahr des Heißlaufens besteht. Die früher erforderlichen Einlaufzeiten der Radsätze fallen also fort. Da das Instandsetzen der Achsschenkel eines gelaufenen Wagenradsatzes, also Überdrehen und Prägepolieren der Bunde, Lagerstellen mit Hohlkehlen und Notlaufstellen, zusammen etwa eine Stunde je Wagenradsatz erfordert und bekanntlich für alle anderen Bearbeitungsverfahren oft ein Vielfaches der vorgenannten Arbeitszeit notwendig ist, so liegt es auf der Hand, daß die Vorteile des Prägepolierens sowohl in wirtschaftlicher wie in werkstattechnischer Beziehung überwiegen.

Schutz von polierten Gegenständen.

Durch Oxydation verlieren auf Hochglanz polierte Gegenstände recht bald ihren schönen Glanz und mithin ihr gefälliges Aussehen. Dieser Übelstand läßt sich durch einen geeigneten Lack und entsprechendes Auftragen beheben.

In „Werkstattwinke" hat ein alter Fachmann seine Erfahrungen in der Zusammensetzung des Lackes und Anwendung desselben in folgenden Vorschriften bekanntgegeben:

1. Farblos bis matt: 1,5 Teile Schellack, gebleicht,
   5 Teile Körnerlack, hell,
   0,5 Teile venetianischer Terpentin,
   30 Teile Spiritus.
2. Farblos: 25 Teile Schellack,
   3 Teile venetianischer Terpentin,
   72 Teile Spiritus.
3. Glänzend: 20 Teile Schellack,
   1 Teil Lavendelöl,
   2 Teile Kampfer,
   77 Teile Spiritus.

Sollen die polierten Gegenstände eine andere Färbung bekommen, so eignen sich dafür:

1. Sonderanilinfarben (käuflich nach Wunsch);
2. für gelb = Pikrinsäure;
3. für schwarz = spritlösliches Nigrofin.

Alphabetisches Sachregister.

FSC
www.fsc.org
MIX
Papier | Fördert gute Waldnutzung
FSC® C083411

Zeitfracht Medien GmbH
Ferdinand-Jühlke-Straße 7
99095 Erfurt, Deutschland
produktsicherheit@kolibri360.de